大是文

「数字」のコツ
——商談・会議・雑談でなぜか
かれる人が知っている

數字表達法，
5秒內獲得100分評價！

為何一開口，
就讓我的評價被大扣分？

企業經營管理資深顧問，
服務經歷橫跨多種產業
山本峻平——著
高佩琳——譯

目次

第2章

三的法則，複雜事情變簡單 063

第3章

第4章

推薦序

數字的世界，值得你花更多時間探索

「一個分析師的閱讀時間」版主／黃瑞祥

我剛當上分析師時，在某一次週會中，大老闆突然問我：「某間公司的平均每人貢獻營收為多少？」我一瞬間答不出來。因為我通常只會記住自己負責公司的營收、毛利率、淨利率等重要財務數字，但沒特別去記財報以外，例如「人數」這樣的資訊。

老闆當時給了我一段話，至今我都記憶猶新：「現在只要有Google，什麼都查得出來，可能你們都覺得沒必要記得這麼多數字。但是，只有你記得的數字，才會在你心中拼湊出意義，也真的能幫助你看見別人沒有發覺的事情。」

在後來的工作經驗中，我才知道，這個數字對於人資部門而言至關重要，因為這決定了人事預算。而對於我們做分析的人來說，營運項目類似、營收規模接近的公司，員工人數越少可能代表越有效率，但同時也可能表示內部的管理、風險控制不夠完善，這些都是藏在細節中的魔鬼。

不過，我們在日常生活中，討論事情大多還是以感覺出發。例如：「訂位的餐廳太遠了，我們還是搭 Uber 去吧？」然而，到底是多「遠」呢？我覺得遠，但你可能不覺得，我們討論的遠近，並沒有任何客觀依據。但如果這句話的描述是「從這裡到餐廳是兩站捷運站的距離」，我們就比較能具體想像，並做出判斷。

換個角度思考，透過數字建立「客觀性」，最大的目的無非是溝通。很多時候，與其沒有根據的爭執個老半天，倒不如直接拿出具有說服力的數字更有意義。因此，如果我們能建立對數字的敏感度，長期而言就更能站在客觀角度看世界，而非落到某種依靠感覺建立的主觀之中。

當然，光是理解可能還不夠，我們更可以使用人對數字的感覺，作為說服他人的武器。本書作者提到，心理學研究發現人的瞬間記憶資訊量在三到五個之間，因此總結歸納時，精煉成三個結論是最好的。

我在做報告時，也會要求自己一定要將結論簡化成三點。這麼做的原因是，三點結論通常是策略或者執行建議，最容易讓對方全部接受的數目。以我個人經驗而言，提出超過三點建議，通常會有部分不被採納，甚至連原本有可能被對方接受的建議，也跟著被拒絕了。

《數字表達法，5秒內獲得100分評價！》這本書的概念很簡單，但要實踐並不簡單。書中，作者如同講故事一般，提供我們許多有趣又簡練的數字，我相信這些都是作者平日用心觀察生活的結果。直接記憶書中簡要的資訊當然很好，不過，我建議你可以更深入思考書中提到的觀念，例如「八十／二十法則」、「退休金要以終身收入五％規畫」等，都值得你花更多時間和精神理解並內化，成為屬於你自己的觀點。

本書雖是輕鬆的小書，但希望能打開你心中厚重的數字大門。

前言
讓人一眼就了解你能力的說話魅力

很多人即使出了社會，不僅不懂如何解讀和處理數字，還會下意識逃避接觸數字。或許你也是其中之一。

不過請放心，**只要掌握數字的訣竅，任何人都能讓工作進展得更加順利**。

撇除會計或投資顧問這類以經手數字為主的職業，大多數人的工作場合沒有必要牢記數字細節，也不需要隨時運算。只要能在日常開會或與客戶往來過程中，以不出醜為前提，記下一些足以為工作下判斷的數字就夠了。重點在於能理解主管、同事和客戶所提到的數字，並且也能用簡單易懂的方式，將數字傳達給往來對象。

傳達時最重要的，就是**將數字總結成三秒內能說完的程度**。比方說，日本總人口（概算值）為「一億兩千六百零二萬五千人」（截至二〇二〇年一月一日），但若你打算用嘴巴說到最後一位數，想必得花超過三秒鐘，更別說對方恐怕也記不住一億兩千萬後面位數的數值。

我相信各位任職的公司都很重視銷售額等各項數值，但會計較到最後一位數的公司應該不多吧。很多公司都只會概略用「少了一百萬」、「比去年成長了三％」這種方式，將數字應用於管理中。

因此，溝通時你要做的應該是把複雜的數字簡化到三秒內能說完。因為數字是為了明確定義事物、讓人與人之間快速取得共識而使用的工具。

我將在本書介紹自己實際應用於工作上的數字法則。只要你熟記這些數字法則，就能獲得兩個好處：

①思考速度加快

職場上需要做出各種判斷，有些時候甚至必須立刻下決定。這種時候只要記得本書介紹的法則，便能利用數字建立假設、幫你做判斷。倘若你沒記住這些法則，不僅得從零開始蒐集訊息，還將花上數倍的時間和勞力才能辦到。

②發言更有說服力

能在會議或閒談中，說出與話題內容有關的數字，是讓旁人對你刮目相看的方法之一。同樣的，懂得很多數字法則，也能讓人留下「你很內行」的深刻印象。

本書介紹的大多數法則，在優秀工作者之間被奉為金科玉律。若不了解，你就無緣加入這些菁英的行列。

我將根據自身經驗，在本書中公開希望所有工作者牢記在心的數字法則。這些法則讓我這種數字能力比別人差、會把資產負債表唸成「支」產負債表的人，都能善用數字到足以從事管理和人事顧問工作的程度。

倘若各位讀者能運用本書內容來提升工作效率，進而成為出類拔萃的工作者，我會感到非常榮幸。

第1章

職場菁英必備的數字敏感度

1 逗號法則，讓你三秒就能唸出長數字

很多人想要在談話中使用數字，卻連數字的讀法都沒搞懂。只有四位數的話倒還容易，但位數越多，就越難一次讀懂。

所以我們要先記住數字的讀法。畢竟讀不懂數字的人當中，有很多人不清楚在數字間打上「,」（逗號）的規則是什麼。

為了克服對數字的抗拒感，我們得先從記得「逗號法則」開始。只要你像背下九九乘法那樣做，就能學會快速看懂位數很多的數字。為了方便閱讀，一旦數字超過四位數，通常會以三位一節的方式加上「,」（逗號）。

比方說，以「1,000」為例，就是在個、十、百的第三個位數前面加上逗號。「100,000,000」的話，就是在個、十、百的第三位數前加上第一個逗號，然後在千、萬、十萬的三位數前面再加一個逗號，接下來是百萬、千萬、億，所以

逗號法則

100,000,000,000,000

一兆（第 4 個逗號左邊）／十億（第 3 個逗號左邊）／一百萬（第 2 個逗號左邊）／一千（第 1 個逗號左邊）

逗號數	逗號左邊的位數
1 個	一千
2 個	一百萬
3 個	十億
4 個	一兆

「100,000,000」就是一億。不過，想必有人會依序從最初的個、十、百、千、萬……慢慢數到一億吧。

如果是日常購物，大多不會超過萬元，所以從個位數算起並不成問題；但到了工作場合還是從個位數算起的話，你恐怕會跟不上開會或交談的節奏。

請試著**記住逗號左邊的數字單位**，第一個逗號左邊是千、第二個是百萬、第三個是十億。只要背下千、百萬、十億三個數字，你便能快速跟上談話了。

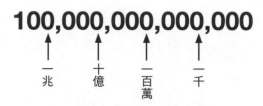

接下來，請你試試看能在三秒內說完這個數字嗎？

問題

請在三秒內讀完下列數字。

9,876,345,012

解說

① 首先，算出有幾個逗號。本題有三個逗號，所以是「十億」。90 億即為最大的數字。

② 下一位數是 8，所以是「98 億」。再下一位數是 7，所以是「98 億7000」。

③ 接著是第二個逗號。第二個逗號是「百萬」，所以你應該能馬上答出「98 億 7600 萬」。

答案　98 億 7634 萬 5012

豐田汽車的損益表數字

（改編自「豐田汽車2019年3月期　合併損益表」）

（單位：百萬日圓）

項目	本合併會計年度
營業收入合計	30,225,681
營業成本、銷售成本及一般行政管理費合計	27,758,136
營業淨利	2,467,545
其他收入和費用合計	△ 182,080
稅前淨利	2,285,465
本公司股東可分配本期淨利	1,882,873

留意最小單位

數字的表達方式，會根據不同的使用者和目的，而有各種形式。比方說，上市公司的決算資料，往往會在記入數字的表格或圖表右上方，以括號標示萬、十萬、百萬等單位（參考上圖）。

這個做法意指**「最右邊的數字，就是從這個單位開始起跳」**。

我以單位標記為「萬」、圖表內記入「5,000」的數字來說明。假設如同前例，最小單位是個位數，只要單純當成五千即可。不

最小單位

最小單位 / 逗號數	個	十	百	千
1 個	1 千	1 萬	10 萬	100 萬
2 個	100 萬	1,000 萬	1 億	10 億
3 個	10 億	100 億	1,000 億	1 兆
4 個	1 兆	10 兆	100 兆	1,000 兆

最小單位 / 逗號數	萬	十萬	百萬
1 個	1,000 萬	1 億	10 億
2 個	100 億	1,000 億	1 兆
3 個	10 兆	100 兆	1,000 兆
4 個	1 京	10 京	100 京

過，本例的情況不太一樣，既然是從萬起跳，故順序變成萬、十萬、百萬、千萬，所以這裡的話，要讀成五千萬（見上圖）。

舉出這種例子，或許有人會認為「就算用逗號來分隔，最後還不是得乖乖從最小單位開始數？」不過，實際上會使用萬或十萬為單位的情況，並沒有想像中的多。

問題

請以在公司進行業績報告時的緊張感，一秒內讀出下列數字。

問題① 單位（百）

4,578,938

問題② 單位（千）

56,784,959,601

問題③ 單位（萬）

76,849

問題④ 單位（十萬）

3,638,696

問題⑤ 單位（百萬）

6,321,853

答案① 4 億 5789 萬 3800

答案② 56 兆 7849 億 5960 萬 1000

答案③ 7 億 6849 萬

答案④ 3638 億 6960 萬

答案⑤ 6 兆 3218 億 5300 萬

2 開會時我一定自備計算機

接下來，我要提到掌握數字規模的方法。對數字在行的人，除了能概略掌握數字的全貌，還能將數字「自我關聯化」——也就是讓數字和自己產生關聯。重點在於利用「倍數」來掌握全貌，並以「分數」來自我關聯化。

比方說，若有人問：「一萬的一萬倍是多少？」你有辦法立即回答嗎？只要記住箇中訣竅，一旦遇上這種提問就能迅速計算了。你可以參照數字的倍數對應表（見第二十五頁），幫助你掌握數字全貌及進行自我關聯化，並試著訓練自己一看到數字，便能在腦中計算其倍數和分數。

只要你抓得住這種感覺，就能將平日新聞中看到的數據，當成與自己相關的事情來解讀。

變成跟自己有關的數字

舉例來說，日本二〇一九年度的國家預算超過一百兆日圓（按：一日圓換算新臺幣約為〇・二六元，一百兆日圓約新臺幣二十五兆四千五百萬元。同年，臺灣的中央政府總預算為新臺幣兩兆兩百二十億元）。乍聽之下很難明白，一百兆到底跟自己的生活有什麼關係。不過，這個預算追本溯源也是來自每一位國民所繳納的稅金，所以你不妨從「每人平均負擔多少」的角度來思考看看。

假定日本人口約有一・二億，故每人平均為「一百兆÷一・二億≒八十萬日圓」。（按：臺灣人口約兩千四百萬，以相同算法計算，則每人平均約新臺幣九萬兩千五百元）也就是說，國家預算是建立在人均稅收八十萬日圓之上。

另外，日本的二〇一八年度稅收約為六十兆日圓，因此「六十兆÷一・二億≒人均五十萬日圓」即為日本國民平均承擔的金額（按：同年臺灣稅收約為新臺幣兩兆四千萬元，以相同算法計算，則每人平均承擔稅額約為新臺幣十萬元）。

雖然稅收年度和預算年度不同，不能單純拿來比較，但假定國家編列的必要預

數字的倍數對應表

想掌握全貌的情況

倍數 / 基數	10倍	100倍	1,000倍
10,000	100,000	1,000,000	10,000,000
1,000	10,000	100,000	1,000,000
100	1,000	10,000	100,000
10	100	1,000	10,000
1	10	100	1,000

想自我關聯化的情況

倍數 / 基數	1/10倍	1/100倍	1/1,000倍
10,000	1,000	100	10
1,000	100	10	1
100	10	1	0.1
10	1	0.1	0.01
1	0.1	0.01	0.001

算額度為一百兆日圓，使得國民人均承擔額為八十萬日圓的情況下，國家預算減去實際稅收的五十萬後，人均不足額為三十萬日圓。這些不足的額度，則由政府每年以公債（國家借款）來補足。

然而，截至二〇一九年三月底為止，這份公債已膨脹到約一千一百兆日圓的程度了，等於國民每人平均承擔一千萬日圓。而這份債務未來會傳給我們的下一代。當債務變得難以收拾時，就會影響到我們，像是增稅或行政效率低落。

如果只是單純當成新聞看過去，你就不會以分內事的角度來看待；換算成人均數字後，你就會明白這個數字對自己來說有什麼樣的意義。

自備一臺計算機

即使我說到這種程度，或許還是有不少人覺得「就算如此，數字還是讓我很頭大……。」要消除這類人對數字的抗拒感，最簡單的方法就是**隨身攜帶計算機**。

不論是在公司開會，或平常與工作相關的閒談中，提到數字的場面所在多有。

比方說，我們來試想一下開完銷售會議後可能發生的事情。你應該能輕鬆說出本期目標和當月實績吧。然而，能夠駕輕就熟的說出累計銷售額、去年同月比、淨利率等數字的人卻很稀少。很多人都是在開會前十五分鐘匆匆看一眼，散會後就忘得一乾二淨了。

我把數字背後的根據和邏輯，稱作「數字的WHY」。計算機正是深入追究數字的必備工具，它能幫助我們迅速找出數字背後的依據。對數字的WHY抱持好奇心的人，毫無例外都是數字高手。

那麼，平常適合使用什麼樣的計算機？如果是稅務或會計負責人這類專業人員，就必須擁有能處理複雜計算的大型計算機，但我們一般人頂多只用得上最基本的四則運算，所以一臺小巧、方便攜帶的計算機就綽綽有餘了。

我慣用的MILAN（按：西班牙品牌）八位數口袋型計算機，不僅便利性高，顏色種類也很豐富，光拿在手上就很滿足。我常常要在別人面前拿出計算機，因此購買一臺自己喜歡的計算機，是很重要的。

雖然手機也有內建計算機功能，但有不少人認為邊開會邊用手機的行為很沒禮貌，所以自備一臺計算機最保險。在他人面前使用計算機並不違反社交禮儀。

希望你也能找到自己喜歡的計算機，並且培養談話時提到數字便拿出計算機的習慣。

3 經營者用這套標準解讀業績

因為工作的關係，我接觸不少企業經營者，**精於數字是他們的共通點**。然而，這些經營者並非全部都是擁有數理背景的高學歷人士。那麼，為什麼這些經營者能對數字如此敏銳呢？

首先，他們**對數字的責任感和一般員工屬於不同的層次**。對經營者來說，動用公司的錢就像是自掏腰包，所以是當成分內事來處理。

其次，經營者腦中都有一套明確的標準，來評估每月的銷售額、人事費等各種收入和支出的數字。因為有一套自己的標準作為評估尺度，所以經營者明白數字是高或低、高低的百分比是多少、可以容許差距到什麼程度等，並依此下判斷。這個標準是他們一路走來用心解讀數字，從許多成功和失敗經驗中累積而成的。

但像我們這種普通上班族，實在很難把公司或業界的數字當成自己的事。這裡教大家一個方法，讓普通上班族也能將公司的數字，當成分內事來看待。那就是把公司業績視為每月薪水，以經營你自己的生計為出發點來設想。

公司和個人都有可支配所得

身為上班族的我們，只要沒有太大意外，每個月都會有固定薪資匯入銀行戶頭。從月薪扣除伙食費、房租、水電費、手機資費和保險費等必須支付的費用後，餘額才是我們能自由使用的錢。如果再從中扣掉每月的儲蓄金，能隨意支配的錢又更少了。

當然，你應該不會住在房租過高的地方、天天花錢吃大餐，或者任意升級手機資費。因為你很清楚，以自己的薪資水準，超過哪種程度的房租會感到吃力，能花在興趣或娛樂上的錢又有多少。

同樣的道理，公司的收入就是銷售額。不過這份銷售額一旦扣除辦公室租金、員工薪水等固定費用（非支付不可的必要費用）後，能自由支配的金額就會大幅縮水，有些狀況下不僅幾乎是零，甚至還會出現負值。

更別說公司每個月入帳的銷售額並非固定，而是浮動的。在這個VUCA（按：為易變性〔Volatility〕、不確定性〔Uncertainty〕、複雜性〔Complexity〕和模糊性〔Ambiguity〕四字的英語首字縮寫）當道的時代中，你無法預測銷售額何時會下滑。

因此，經營者得記住銷售額、淨利及各種大小費用的評斷標準，再依整體形勢做決定。這種情況下，進行新的活動時，便無法任意增加必然會產生的營運成本。

總歸來說，不論是個人或公司，標準都是一樣的。只要養成這種數字思考，你就能把公司的數字當成自己的事來看待，同時也很難輕易對公司說出「希望給員工更多回饋」的要求了吧。

當然公司在某些時間點，會將人事費視為投資而積極增加人力。正如同我們生活中，可能會有人基於省時或減少交通成本的理由，而選擇去住公司附近的高房租公寓，這也可當成是一種投資。

重點在於，你對於使用金錢，是否有一套足以作為判斷的標準。

4 想唬住客戶，你得先背幾個數字

與客戶或同事閒聊也是上班族的工作內容之一。尤其當對方在公司或業界內的位階越高，談話中的訊息量也就越豐富，想必會冒出許多你不知道的資訊或數字。如果交談只有幾分鐘，就算你聽不懂對方說什麼，也能靠隨聲附和來應付過去，但若是餐宴等需要長時間共處的場合，就無法這麼蒙混過關了。

這種時候能派上用場的，就是「基準數字」。

你該知道的三個基準數字

但我們不可能背下世上所有的基準數字。因此，接下來我想介紹三項，對所有上班族而言有利無弊的基準數字。雖然不曉得你是否會馬上遇到使用的機會，不過若當作一種數字教養的話，閒聊時絕對能讓眾人對你刮目相看。

① 世界各國的 GDP

GDP（國內生產毛額）是「Gross Domestic Product」的縮寫，意指一個區域在一定期間內經濟活動所產出的總價值。

日本的名目GDP大約五百兆日圓；美國則是日本的四倍，約兩千一百兆日圓；中國是日本的三倍，約一千三百兆日圓。緊接在美國、中國和日本之後的是德國，大約三百九十五兆日圓，為日本的〇．八倍；其後的英國則大約兩百八十兆日圓，約為日本的一半（按：臺灣二〇二〇年GDP約為新臺幣十九兆八千萬元，約為日本的〇．一倍）。

這樣你就明白第一名的美國和第二名的中國，這兩國的GDP有多驚人了吧。

儘管如此，你也沒必要記住詳細的數字。你只要記得日本的名目GDP約為五百兆日圓，以及美國為日本的四倍、中國為日本的三倍就夠了。

假設你要考量是否進軍海外市場，只要觀察每年的GDP，就能判斷某個國家是否具備成長性。

② 世界各國的國土面積

日本的面積約為三十七萬八千平方公里（377,971km^2）。

號稱國土面積是世界第一大的俄羅斯，其面積大約是一千七百萬平方公里（17,098,246km^2），約為日本的四十五倍大。名列第二的加拿大，面積約為九百九十八萬平方公里（9,984,670km^2）。第三大的美國，面積約為九百八十三萬平方公里（9,833,517km^2），大概是日本的二十六倍，和中國的面積則差不多大。

這樣比較起來，你或許覺得日本是個小島國，但事實上真的算小嗎？

以國土面積排名來說，日本是一百九十四國中的第六十一名，名次屬於中間偏上。倘若只論島國的話，日本本州（按：日本最大島）面積約為二十三萬平方公里（231,127km^2），排名世界第七。第一名是隸屬丹麥的格陵蘭島，面積約兩百一十七萬平方公里（2,166,000km^2），大小為本州的九．四倍。（按：臺灣面積約為三萬六千平方公里〔36,193km^2〕）

或許是因為日本鄰近中國和俄羅斯等大國，而容易被小看，但依上面數據來看，日本顯然絕非一個小島國。

③日本經濟的城鄉差距

還有一項稱作「日本各縣生產總值」的指標。

這是日本政府以「藉由廣泛計量，掌握各個都道府縣（以下統稱縣）內，縣民經濟的循環與結構，在生產、分配及支出等各方面的表現，來全面釐清各縣經濟的實態；作為綜合性的縣經濟指標，進而對各縣的行政、財政與經濟政策有所貢獻」為目的而羅列的指標。

簡單而言，就是各個都道府縣到底賺了多少錢的指標。接下來，我們就以二〇一六年度的資料來說明。

東京都約為一百零五兆日圓（1,044,700 億日圓），名列全日本第一，最後一名的鳥取縣則僅約一．九兆日圓（18,640 億日圓），兩者差距約五十五倍。大阪府約四十兆日圓（389,950 億日圓）、愛知縣也是約四十兆日圓（394,094 億日圓）。

所以，儘管東京、名古屋（按：為愛知縣首府）和大阪名列日本三大都市，但實際上，東京卻給人一種獨自稱霸之感。

此外，這個日本各縣生產總值也和縣民所得有關。從縣民人均所得（二〇一六年度）來看，東京都為年收五百三十四萬八千日圓，鳥取縣則為兩百四十萬七千日

各縣生產總值
與縣民人均所得

（改編自日本內閣府各縣生產總值「2006～2016年度」）

各縣生產總值（生產方、名目）

※同支出方

（單位：百萬日圓）

都道府縣	2016年度
東京都	104,470,026
愛知縣	39,409,405
大阪府	38,994,994
鳥取縣	1,864,072

縣民人均所得

（單位：千日圓）

都道府縣	2016年度
東京都	5,348
愛知縣	3,633
大阪府	3,056
鳥取縣	2,407

圓，兩縣差距超過一倍。說得誇張一點，如果你想賺錢，搬到縣民經濟產值較高的區域工作，會更有效率（當然，鄉下地方也是有許多薪水高、工作環境整備良好的企業）。

以這種方式來解讀數字，東京資源過度集中、其他地區相對弱勢的情形，就顯得一目瞭然。

這個數字趨向（東京高、其他地區低）今後應該還會持續擴大。日本政府試圖將最低時薪拉高到全國平均一千日圓（按：二〇二〇年平均為九百零二日圓），並以每年二十日圓以上的速度來提高。然而，由於每個地區的產值各有不同，針對提高全國平均時薪的政策，我常耳聞不少地方企業經營者表示根本吃不消。

數字可以消除認知差異

在此我想說明一下，表達大小、多少等形容詞時的方式。提到程度時，主要由兩個要素來決定：相對性與絕對性。

相對性：透過與他者相比較的一種表現方法。

絕對性：使用有一定標準的尺度，如數字、單位等表現方法。

談話中使用數字之所以重要，是因為相對性的認知標準會因人而異。

例如，我喜歡吃辣，所以經常光顧一間名為「蒙古湯麵中本」的連鎖拉麵店，店家以辣椒根數來標示辛辣程度。這不是指每碗麵使用的辣椒數量，而是作為辛辣度的單位。零根辣椒代表不辣、二至三根代表微辣，而五根以上就是極辣了。

不過，就算有標示辣椒根數，對於喜歡吃辣和不喜歡的人來說，感受還是大不相同。因此這種用辣椒根數的標示法，說到底只是這家拉麵店自己的相對性表現法罷了（但零根屬於絕對性表現法）。

同樣的，大小、快慢這類表現法，也會取決於什麼樣的人、與什麼相比較，而有迴然不同的解讀方式。但若以數字來表現，便能排除個人的認知差異。

此外，數字也有助於與他人分享看法、相互理解，除了能加速工作進展，更是一項減少失誤的祕訣。

5　產業是成長還是衰退？你得有些基準值

不論是圖表或統計數據，解讀的要訣都在於**找出「峰值」，將現狀與峰值進行比較，並以「目前是什麼狀況？今後會如何發展？」等角度來解讀**。所謂峰值，指的是最高或最低端（底部）的點。

那麼，我們就以日本人的平均年收變遷為例來說明。

日本人的平均年收在一九九七年達到人均四百六十七萬日圓的高峰值，其後便緩緩下滑。而日本一九九七年的國家預算大約七十八兆日圓，到了二〇一五年時上升到約九十六兆日圓。儘管平均年收不斷下降，國家預算卻持續提高。

正如我先前提到的，一旦預算向上調整，形同加重每位國民的負擔。若拿今天與二十年前相比，當每個人手邊的錢不停減少，而消費稅等費用卻不斷增加時，人民生活變得辛苦也是理所當然的結果。

社會上有不少奚落現在的年輕人，既不買車也不考慮買房的聲音。但我認為更準確的說法是，他們根本沒有買得起的本錢。正因為誰也沒把握未來的薪水會不會調漲，所以不消費最安全。

產品生命週期，就是一種峰值

一旦了解何謂峰值，就能明白一個產業的成長、退場時期。

若以較狹義的觀點來看，「產品生命週期」（product life cycle）的概念相當有用。產品生命週期，意指產品或服務從導入到衰退的過程，而此過程大致分成四個階段。

①導入期：產品或服務沒有知名度，不論做再多行銷活動，也很難得到相應的銷量和獲利。

②成長期：產品或服務開始滲透市場，也有與行銷活動相應的銷量和利益產

出，但同時有其他競爭對手加入的時期。

③成熟期：產品或服務在市場上已廣為人知，不能再把新穎當作賣點。這時期最要緊的是拉開與對手的差距。

④衰退期：銷量開始減少，需要決定是否退出市場，或尋求為產品或服務進行革新的時期。

一般而言，要讓產品滲透市場並銷售獲利的過程，會按照這四個階段來進行。這四個時期必須經歷的時間大致相同，亦即「導入期＝成長期＝成熟期＝衰退期」（雖然會依據產品或服務的不同，而有點差異）。

就以蘋果公司推出的 iPhone 為例，自從二〇〇七年問世後，在二〇一五年達到銷售量的最高峰（即為邁入成熟期）：

2015 － 2007 ＝ 8（年）

8 年 ÷ 2 ＝ 4（年）

因此，「四年」便是導入期與成長期各自經歷的年數。以此來看，iPhone 的導入期為二〇〇七至二〇一〇年、成長期為二〇一一至二〇一四年、成熟期為二〇一五至二〇一八年、衰退期則為二〇一九至二〇二二年。

二〇一八年，iPhone XR 和 iPhone XS 等新機種陸續上市；二〇一九年則發布 iPhone 11 和 iPhone 11 Pro 等系列。這種不斷推出新商品的作為，正是步入衰退期的徵兆。此外，蘋果也宣稱將致力於推展 Apple Music 等訂閱型（定期扣款）服務，卻迴避公開手機的銷售量。

另外，大家都說隨著網路崛起，報紙、新聞、雜誌等媒體會隨之衰退，然而至今依然沒有徹底消失，原因就在於這些媒體導入的歷史相當悠久。它們不會一口氣歸零，而是得花上一段很長的時間。換言之，雖然數量會逐漸減少，卻很難徹底消失的狀況，今後還會持續下去。

那麼，你所屬的公司，**銷售額或利潤最高的時期是什麼時候？這是深入了解自家公司的重要關鍵**。銷售額最高的時期是受惠於環境因素，或是當時執行優秀措施及策略，可以看出一間公司所展現的特色與主軸強項。

而當銷售額持續下滑時，可能是環境改變、採取錯誤的措施，或面臨必須改革的時期。所以不妨對照前述的產品生命週期，提前發現問題，並採取必要的對策。

查看新聞數字的峰值

日本的年號改為令和（按：二〇一九年五月一日起）後，新聞上不斷出現轟動社會的殺人事件。感覺上殺人案件似乎隨著時代在增加，但實際上果真如此嗎？根據厚生勞動省（按：相當於衛生福利部與勞動部的綜合體，主掌社會福利、醫療、勞動等政策）的資料顯示，因他殺而死亡的人數，二〇一七年為兩百八十八人，二〇一六年為兩百九十人。而二〇〇七年（從二〇一七年回推十年）為五百一十七人，一九九七年（從二〇一七年回推二十年）則是七百一十八人。故事實上，因被殺害而殞命的人數其實是大幅減少的。

與世界各國相比，二〇一七年每十萬人發生的殺人案件排名中，日本僅有〇．二四件、名列第一百六十八名（一百七十四個國家中），犯罪率極低。第一名的薩爾瓦多（按：位於中美洲北部的國家）是六十一．七一件；美國則為五．三二件，第六十五名；中國則是〇．五六件，第一百五十六名。

日本與他國相較下，屬於殺人案件極低的社會。

至於交通事故的數量方面，又能看出什麼樣的演變呢？由於媒體上常報導高齡者的交通事故，讓人有案件量攀升的錯覺，但其實與二〇〇四年最高峰的九十五萬兩千七百二十件相較下，如今已慢慢減少到二〇一七年的四十七萬兩千一百六十五件，足足比二〇〇四年少了近五〇％。

換言之，不論是交通事故或他殺案件的死亡人數，都同樣逐漸減少。

另外，因交通事故死亡的人數，最少的是一九四九年的三千七百九十人，但這項紀錄被二〇一七年的三千六百九十四人打破了，此後持續向下刷新，直到二〇一九年的三千兩百一十五人，成為日本史上的最低紀錄。

如今的交通事故件數，比絕大多數人都沒有自用車的時代還更少。汽車的設計和技術面有所改進，促成交通事故的死亡人數大幅減少，二〇一九年因交通事故死亡的人數是一九七〇年的一九％。

像這樣藉由掌握峰值前後的動態並進行解讀，你將明白新聞報導的內容，其實與事實有極大差異。

6 第二名不好嗎？只有第一名才會被記住

第一名具有非常強大的威力。例如，日本最高的山是富士山、最大的湖泊是琵琶湖（按：位於日本滋賀縣）、最高的建築物則是東京晴空塔（Tokyo Skytree）。因為它們是第一名，所以日本人都認識。光是掛上第一名的頭銜，就能提升知名度和認知度。

只要你記住一些指標性的第一名，在工作場合上，就能不缺閒聊話題，還能製造讓人對你刮目相看的機會。

打開話匣子的頭號數字

①世界第一的經濟大國、經濟聯盟

世界第一的經濟大國，即為先前所介紹的美國，中國名列第二。

那麼，撇開單一國家，來看區域別的經濟整合聯盟（不同國家以經濟發展為目標建立的集合體）所形成的經濟圈，又是什麼情況呢？

你首先會想到的應該是歐盟（歐洲聯盟，EU）。然而事實上，GDP 第一名的其實是北美自由貿易協議（NAFTA），第二名才是歐盟。北美自由貿易協議之所以名列第一，主要是由美國主導（見下頁圖）。

②世界上最多人使用的語言

中文是世界上最多人使用的語言，以中文為母語的人數高達十三億七千萬人。英語名列第二，以它為母語者約為五億三千萬人，人數約占第一名中文的三分之一。第三名印地語（按：Hindi，為印度的官方語言之一）的母語者約為四億九千萬人。第四名西班牙語的母語者約為四億兩千萬人。

日語排名第九，母語者約為一億三千四百萬人。

常聽人說，很多日本人不會講英語。原因之一就在於，日本光靠自己便能成立

世界的經濟共同體

（改編自亞洲大洋洲局地域政策審議官室《放眼東協（ASEAN）》與其他區域經濟聯盟之比較〔2018年〕）

名稱	北美自由貿易協定（NAFTA）	歐洲聯盟（EU）	東南亞國家協會（ASEAN）	南方共同市場（MERCOSUR）
加盟國	3 國（美國、加拿大、墨西哥）	28 國	10 國	6 國
人口	4 億 9,042 萬人	5 億 1,321 萬人	6 億 5,390 萬人	3 億 459 萬人
GDP	23 兆 4,272 億美元	18 兆 7,486 億美元	2 兆 9,690 億美元	2 兆 6,242 億美元
人均 GDP	47,770 美元	36,531 美元	4,540 美元	8,615 美元
貿易 出口＋進口	6 兆 830 億美元	12 兆 8,772 億美元	2 兆 8,527 億美元	6,661 億美元

一個經濟圈。加上日本的GDP水準頗高，就算不用移住他國也能找到工作、維持生計，這就是日本人不必特地去學他國語言，也能好好生活的理由。

③市值世界第一的產業

世界上總市值（市場價格總值）前三千名的企業，截至二〇一七年底，總市值合計約為六十六兆美元（按：一美元約等於新臺幣二十七·六元）。以產業別來看的話，第一名為金融業的十四兆一千一百八十億美元；第二名為軟體、電腦資訊服務業的四兆五千六百四十億美元（見下頁圖）。

④世界上最廣泛閱讀的書

據傳世界上刊印量最多的讀物是《聖經》和《古蘭經》，但關於這點並沒有正式的紀錄。那麼，扣除宗教或政治色彩濃厚的作品，哪一本書是世界上最廣為流傳的呢？

答案是西班牙作家賽萬提斯的《唐吉訶德》（*Don Quijote de la Mancha*），本

產業、業種別的市值與淨利變遷

（改編自三井物產戰略研究所「世界產業的潮流與成長領域」）

	2017 年			
	市值 （10 億美元）	淨利 （10 億美元）	構成比	企業數
市值排名前 3,000 間企業	65,983	3,411	—	3,000
小計（資訊）	11,701	511	—	379
軟體、電腦資訊服務	4,564	119	6.9%	117
電子、硬體、週邊設備	3,247	145	4.9%	111
通訊服務	2,479	166	3.8%	84
傳媒	1,410	81	2.1%	67
小計（To C，面消費者產業）	21,390	934	—	960
汽車及零件	2,022	153	3.1%	96
電器及電子儀器	1,554	81	2.4%	85
個人用品及家庭用品	3,535	208	5.4%	159
食品、飲料	3,053	118	4.6%	139
零售業	3,863	127	5.9%	154
網購電商	1,292	11	2.0%	17
其他零售業	2,572	116	3.9%	137
旅遊、休閒	1,815	87	2.8%	111
健康器材及服務	1,596	59	2.4%	76
醫療・生技	3,951	103	6.0%	140
小計（To B，面商類產業）	17,686	888	—	1,024
礦業	773	49	1.2%	43
瓦斯、自來水管等基礎建設	683	44	1.0%	50
電力	1,416	82	2.1%	93
石油、天然氣	3,579	190	5.4%	110
油氣採掘設備、服務、分銷	753	23	1.1%	44
替代性能源	68	2	0.1%	6
化學	1,869	95	2.8%	122
工業用金屬、採礦	928	55	1.4%	72
營造、建材	1,146	62	1.7%	96
林業、造紙業	135	8	0.2%	13
一般產業	1,287	48	2.0%	58
工程科學	1,538	56	2.3%	112
航空航太、防禦	969	45	1.5%	40
運輸事業	1,268	71	1.9%	80
支援服務	1,276	57	1.9%	85
小計（金融、不動產）	15,207	1,078	—	637
金融	14,118	972	21.4%	550
不動產	1,089	106	1.7%	87

書是由來自全球五十四國、合計一百位文學家所投票選出「史上最佳文學作品百選」的第一名。第二名則是英國作家J．K．羅琳的《哈利波特》（*Harry Potter*）系列。第三名是英國作家狄更斯的《雙城記》（*A Tale of Two Cities*）。

儘管要讀遍所有已出版的暢銷書極為困難，但身為商務人士，了解這些作品的故事梗概是最基本的素養。

⑤世界上睡眠時間最短的國民

專門研發、販售可測量身體活動量運動手錶的企業Polar Electro Japan，於二〇一七年依據其產品的活動量測定的睡眠數據，公布了各國國民的每日平均睡眠時間。日本男性為六小時三十分、女性則為六小時四十分，是調查的二十八國之中，睡覺時間最少的。

其中，通勤時間長是日本人平均睡眠時間較短的主要原因之一。

某項研究結果指出，若連續兩週只睡六小時，工作成效會跌落到如同沒有睡覺的程度。為了在工作上有良好表現，每個人每天至少要睡滿七小時才行。

國際專利申請數前十國

（改編自WIPO 2019年PCT年度報告「國際順位相關統計」）

排名	國名	申請數	排名	國名	申請數
1	美國	56,142	6	法國	7,914
2	中國	53,345	7	英國	5,641
3	日本	49,702	8	瑞士	4,568
4	德國	19,883	9	瑞典	4,162
5	韓國	17,014	10	荷蘭	4,138

⑥世界第一的「國際專利申請國」

專利是技術力與獨創性的代名詞，那專利申請在各國又是什麼樣的情況呢？在此，我們來看世界智慧財產權組織（WIPO）管轄下，基於《專利合作條約》（PCT）申請的國際專利申請數（見上圖）。

第一名是美國，申請件數為五萬六千一百四十二件；第二名為中國的五萬三千三百四十五件；第三名為日本的四萬九千七百零二件；第四名則是德國的一萬九千八百八十三件。近幾年，中國的專利申請數有明顯增加的趨勢。

⑦世界第一的「諾貝爾獎得獎國」

以國別來看諾貝爾獎得獎人數的話（見下頁圖），第一名為美國（三百五十二人），第二名為英國（一百一十二人），第三名為德國（八十二人），日本則名列第七（二十五人）。

與第一名的美國相較之下，日本的得獎人數感覺上少了很多。從發現到得獎之間的時間間隔過長，可能是原因之一。

舉例來說，山中伸彌於二〇〇六年發現了 iPS 細胞（誘導性多能幹細胞），但直到二〇一二年才獲頒諾貝爾獎，這中間相隔了六年。儘管如此，六年還算是相當短的間隔了。

二〇一八年的諾貝爾生理醫學獎得主本庶佑，從一九九二年發現「PD－1遺傳基因」到獲獎為止，歷經了二十六年的歲月。二〇一九年的諾貝爾化學獎得主吉野彰，於一九八五年開發了鋰離子電池的原型電池，三十四年之後才獲獎。

諾貝爾獎是世界級權威，必須針對研究結果進行長時間的徹底調查與評審。我們可以說，很多獲得諾貝爾獎的日本人，是時至今日才因為自己二十多年前的研究

諾貝爾獎得獎人數最多的前十個國家

（改編自日本文部科學省：國別、分類別的諾貝爾獎的得獎人數〔1901～2017年〕）

排名	國名	得獎人數	排名	國名	得獎人數
1	美國	352	6	瑞士	28
2	英國	112	7	日本	25
3	德國	82	8	俄羅斯（含前蘇聯）	20
4	法國	59	9	荷蘭	17
5	瑞典	32	10	義大利	4

成果得到認可而獲獎。諾貝爾獎以基礎研究領域（不一定能馬上應用，但對科學發展與成長而言非常重要的領域）而獲獎的情況居多，GDP 排名世界第二的中國，其得獎人屈指可數的原因之一，就在於基礎研究需要經過充分的時間，才得以成熟發展。

作為參考，本節最後附上各國研究開發經費的變遷圖表（見第五十六頁）。日本有緩慢減少的趨勢，但世界各國卻是曲線上揚。

站在企業的角度來思考，即使把資金集中在新領域的設備投資和研究開發上，也不見得能有所收穫。但我覺得，短期利益固然重要，但放眼中長期的投資在今後會更加重要。

由於每個國家的貨幣和GDP等條件都不同，無法單純的進行比較，但我想你應該能從中了解到各個國家所抱持的立場吧。

主要國家的研發費總額之變遷

（改編自科學技術・學術政策研究所
科學技術指標2018年「主要國家的研發費總額之變遷」）

（A）名目額（經濟合作暨發展組織〔OECD〕購買力平價換算）

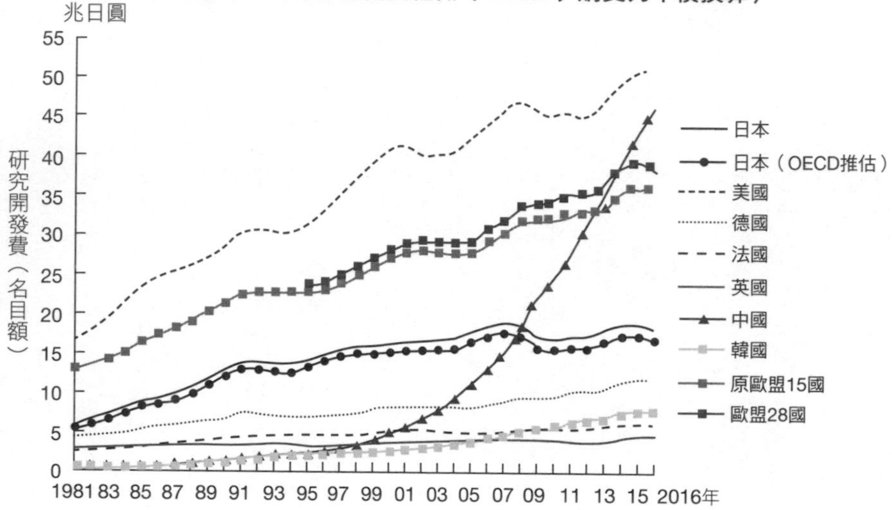

（B）實質額（2010年基準；OECD購買力平價換算）

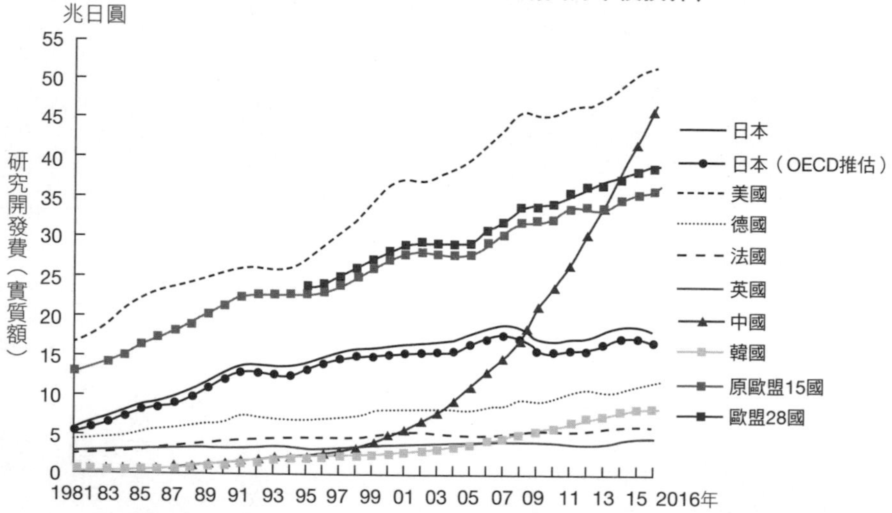

註：原歐盟15國包括英國、法國、德國、義大利、荷蘭、比利時、盧森堡、丹麥、愛爾蘭、希臘、西班牙、葡萄牙、奧地利、瑞典及芬蘭；歐盟28國則為2020年1月英國退出歐盟前，共28個成員國。

7 你的公司有多血汗？這些數值幫你判斷

本章最後就來看看「人事的基準數字」。了解和人事相關的數字，就能夠判斷自己的公司是好是壞了。

人事相關的數字種類繁多，在此僅介紹四個具有代表性的數字。順帶一提，數字的好壞，是跟同行其他公司的統計數據做比較，而作為比較對象的同行，跟自己公司的商業模型不一定百分之百相同。

理解這點再來查看統計數據，是接觸相關統計資料時的重點。

①平均勞動分配率

你有聽過勞動分配率這項指標嗎？

這是指企業所創造的附加價值當中，會分配多少給旗下勞動者的指標，算式為

產業別的勞動分配率（%）

（改編自日本經濟產業省「平成30年企業活動基本調查速報」）

業種	2016年	2017年
製造業	47.8	46.1
資訊及通訊傳播業	56.6	55.4
批發貿易業	51.0	48.4
零售業	49.7	49.5
學術研究、專業技術服務業	60.5	60.2
餐飲服務業	61.9	64.0
生活相關服務業、娛樂業	46.2	45.2
服務業	70.4	71.4

「人事費用 ÷ 附加價值」（請將附加價值當成營業額扣除採購、材料成本和外包費後的毛利）。當勞動分配率越高，企業賺錢時回饋給員工的利潤就越多；反之，勞動分配率越低，回饋給員工的就越少。

日本**全行業的平均勞動分配率為五〇%**。亦即，企業所創造的價值中，有五〇%會支付給員工（日本產業別的勞動分配率見上圖）。

產業別・企業平均附加價值（百萬日圓）

（改編自日本經濟產業省「平成30年企業活動基本調查速報」）

業種	2016年	2017年
製造業	4,661.0	4,971.1
資訊及通訊傳播業	4,011.4	4,313.8
批發貿易業	2,706.1	2,927.8
零售業	4,642.8	4,812.6
學術研究、專業技術服務業	4,230.8	4,340.8
餐飲服務業	4,076.3	4,274.3
生活相關服務業、娛樂業	2,194.1	2,392.6
服務業	3,834.9	4,047.3

②平均附加價值

為了提升全公司的勞動分配率，需要做到下面兩點：

- 提高人事費用（分子）。
- 提高附加價值（分母）。

在此同時，也要一併提高人事費用（分子）。

以現實來說，提高人事費用很快會達到上限，故重點是從提高附加價值開始著手。

那麼，這個平均附加價值大概是多少呢？日本中小企業的人均附加價值約為一千萬日圓，各行業的情況則大致如第五十九頁表格所呈現。

日本人的平均年收（正職與非正職）約為五百萬日圓（以性別來看，男性約五百二十萬日圓，女性約兩百八十萬日圓）。

前面提到平均勞動分配率為五〇％、人均附加價值約一千萬日圓。其平均勞動分配率的算式即為「人均人事費用（約五百萬日圓）÷人均附加價值（約一千萬日圓）＝五〇％」。

③平均加薪率

接著要來關心每年的薪水上漲幅度。根據經驗，如果**平均加薪率在月薪的一・八％至二・二％之間**，就可斷定為好的。

假設月薪為二十萬日圓、加薪二％，等於每月多四千日圓；月薪三十萬日圓、加薪二％，就是多六千日圓。然而如今隨著社會保險（按：日本健康保險之一，保險費用為公司和勞工各分擔五〇％，並直接從薪水中扣除）費用增加，我常聽到不少公司的職員表示「就算加薪也沒什麼意義」、「只多個五千，生活根本沒有任何影響」。

不過，從企業的角度來看，二％絕非什麼小數目。舉例來說，某間有三百名員工的企業，假設人均人事費用為五百萬日圓的話，人事費用的總成本即為：三百人×五百萬日圓＝十五億。若再加薪二％，等於增加三千萬日圓的成本。

理論上，當人事費用調高二％，就必須賺到等值的毛利才行，如果每位員工無法每年多賺十萬日圓（三千萬日圓÷三百人），公司將難以維持下去。

④平均獎金額度

日本的大企業每年七月、十二月都會公布平均獎金額度。然而，很多中小企業經營者都為此深感困擾，擔心這種消息會讓自家員工產生誤解。

平均獎金額度會根據調查機構和支付時間而有各種結果，但據傳上市企業的平均值為八十萬至一百萬日圓之間。不過，這不表示所有公司發獎金的數字都在這個範圍內，畢竟，經營者有某種程度的自信才敢報出獎金數字。員工不該直接用這個數字和自己就職的企業做比較，這點也是看數字時的基本概念。

那麼，日本中小企業平均會發放多少獎金？

儘管很難取得僅有中小企業的相關數據，但根據大阪市信用金庫每年刊出的資料來看，二〇一九年夏天的平均獎金約為二十九萬日圓，跟大企業相比之下有近乎三倍之差。此外，表示會發放獎金的企業僅占六〇％（須留意此為大阪市信用金庫針對一千三百零一間企業所做的調查，其中八成的企業員工數低於二十人）。

儘管有很多員工都想拿到兩個月的獎金，但這樣看下來，或許光是有領到獎金就應該感到慶幸了。許多人都會誤解，以為沒有獎金是因為公司想壓縮人事成本。不過我認識的老闆中，幾乎沒有人不願意給員工獎金。

每一位老闆都想發獎金，但往往因為經營狀況而發不出來。我覺得很少有企業是因為不想發才不給的。

不過，有一點要特別留意，法律上其實並沒有規定公司有發放獎金的義務。

第2章

三的法則，複雜事情變簡單

1 把你要說的話，濃縮成三個重點

日本人自古便經常使用三這個數字，像是最具代表性的「松竹梅」、「一富士、二鷹、三茄子」（按：日本新年第一天的吉祥夢，夢到這三種東西代表好兆頭。富士與無事〔平安〕諧音，鷹意味著夢想實現，茄子有發財之意）、「三種神器」（按：指日本天皇代代相傳的劍、鏡、玉）。其他還有三點倒立、三位一體、三難困境（trilemma）等，就連猜拳也是從剪刀、石頭、布中三猜一。

數字也一樣，漢字從一、二到三為止的形式是橫條增加，四以後突然成為無規則的「四」了。這點不僅限於日本，羅馬數字的標記也是直到三為止，從純粹直條構成的Ⅰ、Ⅱ、Ⅲ，換到下一個四時，突然變成加入字母「V」的「Ⅳ」。

為什麼人們喜歡將事物總結成「三」呢？

因為取得三點均衡的數字三，會為我們內心帶來安心感，所以才會不自覺的使用。三也頻繁出現在商務場合上，很多工作高手都把三當作關鍵數字來應用。

將談話重點總結成三點

常常有年輕員工因為「沒辦法好好整理想說的重點」，而來找我商量。針對這樣的人，我會請對方**先把想傳達的內容總結成三點**。把想說的話總結成三點，對方比較容易記下來。

像我就有一個口頭禪：「理由有三個……。」一開始先表示有三個理由，接著逐一說明，加深聽者對內容的理解。

然而，有時候也會發生你想破頭只得出兩點的狀況，這時，我會以「第三點，就是上述兩點以外的做法」來當作退路。儘管如此，你還是能藉由總結重點，讓對方更容易消化談話內容。

常被說「我不懂你想表達什麼」的人，務必將三點總結的技巧銘記於心。

附帶一提，二〇〇一年時，密蘇里大學的心理學教授尼爾森．科文（Nelson

Cowan）提出「神奇數字 4 ± 1」的觀點，他認為人的瞬間記憶資訊量在三至五個之間。換言之，當你希望對方能快速理解你的意見時，必須濃縮到三個（或最多五個）才行。

比方說，談起本書的好處時，整理成下面三點會比較容易閱讀。

①用數字說話，就能成為與眾不同的工作者！
②學會基本的商業法則，便能加快判斷速度！
③能用邏輯思考，有條有理的說服別人！

反之，若你述說的要點過多，對方就很難記得。

比方說，從前的合約中，很多重要的免責事項，都會藏在那些文字細小、事項繁雜的條款後面，因此很容易被忽略。

2 編排故事的三段式構成

當你想以簡報表達想法或進行企劃提案時，利用故事來表達會很有效果。因為故事能避免內容空洞，也能引起對方興趣。

編故事時，你必須考慮如何安排說明的順序、高潮出現在哪個橋段，以及最後想在哪裡收尾。

編排故事的關鍵在於三段式構成。日本能劇（按：日本的傳統歌舞劇，登場人物皆佩戴面具）當中，有一種用三段式構成來思考的概念「序破急」，這是考量故事構成時，可以利用的框架。

一般人都認為符合「起承轉合」的文章構成才算是完整有條理，將「序破急」融合「起承轉合」的話，結果如下：

- **序：**相當於起承轉合的「起」，簡介登場人物和故事背景等，這一部分負責吸引觀眾注意力。
- **破：**相當於起承轉合的「承、轉」，推動故事加快進展，讓觀眾對於接下來會如何發展產生期待。
- **急：**相當於起承轉合的「合」，以滿足觀眾為前提，將故事導引至收尾。

簡報的三個步驟

這個「序破急」的概念，同樣適用於上臺簡報。

下面內容即為簡報時的序破急。

- **序：**簡報的目的與開場白。主要目標在於傳達你認為聽眾想聽的內容。
- **破：**簡報的重頭戲。目標是一邊說明想傳達的事情，一邊讓聽眾產生「確實如此」的認同感。

- **急**：簡報的終局。促進雙方達成共識、推動下一步行動，實現簡報的目的。

企劃書的三步驟

你也能按照「序破急」三個步驟，製作出能吸引對方注意力、有閱讀興趣的企劃書。

企劃書的序破急步驟大致如下。

- **序**：寫下能提高讀者期待值的企劃名稱、想實現的事項。
- **破**：實現企劃的具體對策，或者可能出現的障礙。
- **急**：具體描繪企劃內容實現後的狀況。

順帶一提，製作企劃書時有一種名為「TAPS」的框架也能派上用場。儘管有四個步驟，但用起來也很方便，故介紹給各位參考。

有助於製作企劃書的「TAPS」

TAPS 即為「To be」、「As is」、「Problem」、「Solution」四個詞的首字縮寫，這是依據理想狀態與現實的差距來思考構成的框架。TAPS 依照下列順序來制定計畫：① 設定目標→② 分析現狀→③ 發現問題→④ 解決對策。

①「To be」（設定目標）：一開始就要提出想達成的狀態或目標。

②「As is」（分析現狀）：說明當下處於何種狀況，並與應達成的狀態和目標做對比。

③「Problem」（發現問題）：一般來說，問題是指目標與現狀之間的「差距」。在這個步驟要說明應達成的狀態與現狀有什麼差距，且因為這項差距產生了什麼樣的困難或障礙。

④「Solution」（解決對策）：描述針對問題的解決對策，展現企劃內容的可行性。

在廣告文案界有一句名言：「Not read, not believe, not act」，指若無法跨越不讀、不信、不動這三道高牆，人們就算看到再多的廣告、電子報，也不會購買商品，這句話充分展現出消費者內心的高牆有多麼難以突破。

這種思考方式在上臺簡報和製作企劃書同樣適用。倘若視聽人的立場是不想聽、不想讀也不想理解，那麼你可以拿出符合三段式構成的簡報和企劃書，突破對方內心的高牆。

3 結論，不要超過三十秒

想要向某人傳達某事時，說話者可能會因為擔心對方沒聽懂，想要面面俱到，而往往講得過於冗長。

然而，從聽者的角度來看，根本不需要過多的說明，畢竟多餘的資訊等同於什麼也沒說，一點意義也沒有。

商務上的談話務必要簡潔，因此你最好將針對每一項議題的發言，控制在三十秒之內。因為**你的談話內容僅有七％能傳達給對方**，多餘的內容對方也難以接收。

有一個名為「麥拉賓法則」（the rule of Mehrabian）的人際溝通法則，說明視聽者是如何根據說話者的表現來獲取訊息（補充說明，這個法則是藉由調查當人釋放出矛盾訊息時，接受方會如何解讀的一項實驗）。

一般而言，說話者會給視聽者的訊息有三種：①語言訊息（verbal）、②聽覺訊息（vocal）、③視覺訊息（visual）。由於這三種訊息的頭文字都是V，故又稱「3V法則」。

①語言訊息（verbal）：說話者所表達的言詞意義、用詞組合等。

②聽覺訊息（vocal）：說話者的聲音大小、語速和語調等。

③視覺訊息（visual）：說話者的外觀、行為舉止等。

在麥拉賓法則中，這三項訊息會給人帶來的影響比例依序為：①語言訊息七％、②聽覺訊息三八％、③視覺訊息五五％。

比方說，說話者用高亢開朗的聲調（聽覺訊息）以及滿面笑容（視覺訊息）來表達悲傷（語言訊息）時，「笑容」與「高亢開朗的聲調」會成為優先被視聽者解讀的訊息。換言之，說話的內容僅有七％被對方吸收，而外觀和聲調反而最有影響力。

從麥拉賓法則中，我們可以知道，與人面對面溝通事情時，談話內容必須要言簡意賅，還要特別留意表情、服裝或聲調。

三十秒掌握對方情緒的「電梯閒聊」

該怎麼做才能簡潔有力的傳達想說的內容給談話對象呢？有兩個方法能幫助你簡潔的表達，就是「電梯閒聊」和「整體→部分法」（whole-part）。

所謂的「電梯閒聊」，就是指與人共乘電梯的短短三十秒之間，簡潔表達自己的想法和點子。

若想在三十秒內表達自己的想法，**關鍵在於從結論開始說起**。像是「我建議的點子如果實現，會是這個樣子……」這樣從結論說起，聽者比較不會有壓力，也更容易接受你的想法。

電影或小說不能太早告知結局，要讓觀眾或讀者享受中間的劇情，但商務上則追求快速判斷，所以為了迅速下決定，從結論著手也是理所當然的事情。

有一句關於溝通的名言這麼說：「對方聽進去的部分才是真正的重點。」溝通時，聽者永遠都是主角。不論你打算說什麼、你真正的想法是什麼，對方願意接受才是最重要的。

溝通的目的可能形形色色，而我認為真正的目的應該是「對方明白你的想法後，願意為此付出行動」。由這點來看，你得把自己放在一邊，站在對方的角度思考，並傳達他想知道的事，表達的內容也要做到簡潔明確。

提高對方理解程度的「整體↓部分法」

為了準確傳達自己對某件事的想法，你必須先跟對方共享事情的全貌，這時不妨運用「整體↓部分法」技巧。所謂整體↓部分法，就是先說事件的全體樣貌，再談其後衍生的部分。一開頭就先展現全貌，讓聽者因為預見話題的結尾，而能安心聽下去。

比方說，下面這種情況。

①全貌：「我想說的事情總共有三點。」
②結論：「從結論來說，我預估貴公司的銷售量能再提高一〇％。」
③部分：「第一個方法是……、第二個是……、第三個是……。」

以這種方式來說的話，對方能一邊聆聽，一邊在腦中整理談話的內容，更容易聽進你想傳達的事情。

4 機會，總在碰面三次後出現

很多人都說談生意成功與否，是一項機率問題；但對於一些手腕高超的業務員而言，這個機率是可以改變的。我至今遇過的超級業務員們，都有一個共通點：不屈不撓。

有一個稱作「單純曝光效應」（mere exposure effect）的法則，別名「熟悉定律」，是指一個人與某人幾度碰面後，就會慢慢對某人產生好感的效果。

以談生意來說，不擅銷售的業務員往往在見到三次面之前就輕易放棄了，但銷售高手會以「機會從第三次開始！」的心態來應對。同一個客戶他們至少會去見三次，而且會持續提出見面的請求。

堅持不懈是商談的成功之鑰

那麼，見面三次之後，還要見幾次面會比較好呢？

這裡有一個「七次法則」可以參考。這是一項廣告業界的法則，說明人要接觸商品相關訊息三次後才會留下印象，接觸七次後才會拿起商品。

根據這條法則，不論是顧客願意聽取商品介紹也好、多關心一下商品也好，都必須歷經三次洽談才有可能，而更進一步的考慮購買商品，至少也得洽商七次才有可能達成。

在客戶關係管理（CRM）中，將業務手法分成下面兩個步驟。

- 第一步：傾聽顧客的問題和需求。
- 第二步：針對問題和需求，提出解決方案。

你不妨這樣思考：想要與顧客從白紙狀態到建立起互信關係，至少得見上七次，對方才可能敞開心房。而你有可能在多次見面的過程中，預先發現他的問題和需求，並提出解決方法，最終達成你的目的。

5 孩子每天笑的次數，是大人的三十倍

「我的部屬很少主動找我說話」、「感覺主管刻意跟我保持距離」，有上述煩惱的人，都有一個共通點——表情僵硬。

很少人願意跟老是板著一張臉的人搭話。比起愛擺臭臉的人，大多數人更容易被總是笑容滿面的人吸引。

社交就從展現笑容開始

根據日本化妝品公司艾天然（Attenir）於二〇一五年所做的一項調查，成年女性平均每天笑的次數為十三．三次，時間則是不到三十秒。

若再比較不同世代的差異，二十至三十歲約十五次、三十秒，四十歲世代為

十二・八次、二十六秒，五十歲世代為十・六次、二十秒。由此可知，二十歲世代是高峰，而隨著年齡增長，笑的次數和時間都會減少。假如成年女性每天平均都只有十三・三次的話，男性恐怕更少。

另一方面，**據說學齡前孩童每天平均笑四百次**，是成年女性的三十倍之多。

我那精力旺盛的兒子，儘管正處於兩歲六個月的「叛逆期」，但是他除了鬧脾氣、哭叫的時間外，總是嘻笑不停。

我們一家去購物中心逛街時，他會以無人能敵的笑容跟周遭陌生的大人說話。就算是滿臉苛薄的大人，也會面帶笑容的回應幾句話。我從中感受到笑容本身驚人的威力。

若想成為散發好感、讓人感覺容易親近的人，可以試著增加每天笑的次數。比平常多個三到五次也好的做法，或許是一條最快的捷徑。

6 花三十分鐘得到的結論，跟花五秒一樣

一個人反覆思索後的選擇，跟單憑直覺下的決定，兩者的成功機率會有多大差別？或許事實會讓你驚訝：幾乎相同。

在日本，有一個名為「快棋法則」的說法，意指一個人深思熟慮半小時得到的結論，其執行成果跟只用五秒做的結論沒什麼兩樣。

俗話說得好：「笨蛋動腦不如去睡。」耗費時間思考還猶豫不決就跟昏睡一樣。與其如此，不如迅速做出選擇。

假如有人突然詢問：「你覺得經營者的工作有哪些？」你會怎麼回答呢？

像是確保銷售成績或雇用員工等等，每個人都可能根據公司的性質或當下的處境，而有不同的定義與回答。但事實上，有一些工作是專屬於經營者的，例如「做出優質的決策」。

有很多決策是只有經營者能做判斷的。說得更明白一點，經營者的工作內容幾乎都離不開決策，因而很適合運用快棋法則。

足以左右公司未來方向的策略或重要決策，的確必須有充分的時間來做判斷。然而，若只是一般性業務，我建議最好在五秒以內做出決定。

畢竟多花三十分鐘考慮，結果也不會有大幅變化。快速做出判斷，不讓業務卡住、越積越多才是當務之急。

用快棋法則來開會

我進行過很多會議管理的現場支援，常常遇到做不出任何決定、沒有任何進展的會議。只會面卻不討論、只討論卻不做決定、做了決定又不執行、就算執行了也不檢討成果，這種會議不勝枚舉。

原因之一就在於決策不明確，或者沒有如實執行。

決策者本身可能也煩惱到不知如何是好，但以他們的立場來說，又必須做點什麼，來讓事情看起來有所進展。所以，決策者有時會以「再多做一點調查吧」為理由，而不針對議題下決定，將事情繼續往後拖延（雖然這也算是一種決定）。這就是很典型的爛尾會議。

為了杜絕這種會議，遵循快棋法則是一個好方法。

像是讓每一位與會者用五秒提出自己的結論。而針對每個人提出的結論，決策者都要好好比較斟酌，用五秒判斷哪一項結論最為妥當；決策者心中得出各種判斷之後，也要用五秒來做出最終的選擇。

以這種方式來開會，必定能迅速的做出決策。

7 拿到三成市場，你才能甩開競爭者

或許你會這樣想：假如自己從事的行業，沒有其他競爭對手的話該有多好，如此一來必定能不戰而勝。

然而，從「蘭徹斯特法則」（Lanchester's laws）來看，戰勝對手、市場獨占率過高的情況，反而會產生弊害。

英國航空工程師弗瑞德里克・蘭徹斯特（Frederick W. Lanchester），在其歸納出的蘭徹斯特法則中，提出顯示兩支軍隊戰鬥力的方程式，而這個法則其後被運用於商場上，表現企業之間的競爭策略。

蘭徹斯特法則中提出最低目標市占率二六・一％的數字，所指的是當占比超過大約三成，就會被認定是高人一等的強者，亦即寡頭壟斷市場的狀態。

占比三成是一個分歧點

只不過，一旦市占率大幅領先競爭對手，公司內部可能會欠缺警惕心、自鳴得意，而有被對手反超逆轉的風險。

舉例來說，一九七六年時，麒麟啤酒曾一度握有六三．八％的驚人市占率。當時，其經典商品「麒麟拉格」（KIRIN LAGER）銷售量獨占鰲頭，但隨後市占率卻接連不斷的被「朝日辛口生啤」（ASAHI SUPER DRY）超越。

麒麟啤酒在市占率超過六〇％時起，就以業界龍頭自居而躊躇滿志，從經營高層到基層，整個組織都失去了危機意識。不僅新商品研發落後於人，銷售力道也陷入軟弱無力的狀態。

同樣狀況也能套用到其他產業。舉例來說，日本的手機市場一直都是以「NTT DOCOMO」、「KDDI」及「軟銀」（SoftBank）這三間公司占比最高，但近年來，隨著廉價手機公司興起，手機市場也面臨轉變期。

我要說的重點是，不要用負面眼光看待競爭，而是以積極的想法去面對。

商場上，若能將同業對手視為激勵自家公司不斷成長、讓產品或服務更加精進的存在，不論對方有多麼棘手，你也會因此心懷感謝。

與其擊垮對手，不如藉著競爭與對方共同成長，與此同時，一起為顧客打造出能提供更好產品或服務的良性環境。

一間企業的壽命只有三十年？

三十多年前，「企業的平均壽命為三十年」一度蔚為話題。這個說法在一九八三年，由雜誌《日經 Business》發表後成為一項商業定論。或許是因為三十這個整數太有記憶點，才能在一瞬間廣為流傳、人盡皆知。我想若當初發表的數字是二十三年或四十七年的話，可能馬上就消失在眾人記憶中了。

那麼，這項說法實際上真的正確無誤嗎？

根據東京商工研究（TSR）所做的調查，於二〇一八年破產的企業平均壽命為二十三．九年；而帝國數據銀行（TDB）所做的調查則是三十七．一六年，從企業破產時的平均壽命來看，和三十年的說法大致相符。

不過，若說目前仍然存續的公司壽命「約三十年」，就有些問題了。不以提出進化論聞名於世的達爾文（Charles Darwin）曾說過：「適者生存，不適者淘汰。」這句話完全能套用到企業之上。

從二〇二〇年回推三十年是一九九〇年，與當時相比，不論是技術或環境變化的速度，甚至連員工的價值觀都已完全不同了。由這點來看，「企業平均壽命三十年」的說法，最好當作一種只針對昭和時代（按：指一九二六年至一九八九年，昭和天皇在位期間）的公司，所做的企業調查來看待。

在現今瞬息萬變的商業環境下，永遠能夠柔軟應變，才是現代企業的目標。順帶一提，日本全國企業中，至今只有二％不到的公司創業超過一百年。

8 價差超過三成，消費者才有感

在商場上，一間公司必須將自家商品或服務，與對手做出區別。以小型零售店為例，假設店內沒有陳列與他店不同的品項，顧客就沒有理由來光顧。

那麼，品項要準備到什麼程度，才算達成差異化呢？

如果比別間店多兩倍，確實能成功做出差異化，但這樣一來，可能會增加庫存過多的風險。然而，若只比其他商家多兩、三種品項，則完全無法讓顧客感受到有什麼差別。

此時能派上用場的就是「一．三倍法則」。這條法則意指，除非做出一．三倍的差異，否則人們很難感受到你和對手的差別。

想要讓顧客認定你的店「品項齊全」，就要準備比他店多三成的品項。因此，進行差異化時，**請把跟對手拉開三成差距當成目標。**

價差也要三成，才讓人有實感

這項法則對於設定價格也很有效。如果你希望給人平價、便宜的印象，只要把售價下調三成，顧客就會有「好便宜」的強烈感受。舉例來說，競爭對手賣一千日圓的話，你就賣六百六十六日圓。反之，若你想營造出高級品牌的形象，將售價提高三成就能予人「很高貴」的感受。競爭對手賣一千日圓，你就賣一千三百三十三日圓以上。

這點在經營品牌時也一樣，即便你有比其他店家更獨特的賣點，但若這項特點沒有比對手高出一．三倍的差異，就無法打動顧客的心。

就算你和對手都有同樣程度的講究，顧客也不會光憑「有講究」這一點就認同。以蔬菜為例，國產已是先決條件、標榜生產地也很普通，直到打出「生產者是誰」為止，才終於讓顧客明顯感覺到差異。

以上談的僅僅是價格和品項方面的看法，如果換成是餐飲店的菜單、廣告單的情況，則又有些不同了。據說刊登在菜單、廣告單上的主打品項（如連鎖速食店的炸薯條等）照片，只要有呈現出大約一．七倍（一．三×一．三＝一．六九倍）的量，就能讓顧客覺得分量比其他店家更多。

三成的差距會因你的立場而改變。以考試分數為例，對五十分的人來說，提升三成得分就是六十五分，差距是十五分；另一方面，對七十分的人來說，提升三成得分就是九十一分，差距高達二十一分。

不論處於哪一種立場，試圖縮小三成的差距，以現實來說或許並不容易。然而只要肯努力，這也不是什麼追趕不上的數字，不是嗎？

將一．三倍法則銘記於心，並實行有成效的差異化吧。

9　一件重大事故之前，會發生三百件小事故

關於失誤和糾紛，也有一個和數字三相關的法則。

「這種程度的失誤、事故很常見」、「這是很罕見的案例，不需要特別在意」，常常有人會以這種不以為意的態度，看待一件失誤或事故。

然而，若這種失誤或糾紛，是一個重大事故的前兆呢？

有一項跟工傷事故相關的知名法則「海恩法則」（Heinrich's Law）。這個法則說的是每一項重大事故背後，都有二十九次的輕微事故，以及三百次異常狀況存在。這是美國工安先驅者海恩（Herbert William Heinrich）大量調查工傷事故後，所導出的法則。

為了避免更大的事故

這三百個異常狀況，往往是讓人心生警惕的事件，而稱為預警事例。

根據這項法則，你可以將一件失誤或糾紛，視為解決其後三百二十九件失誤或糾紛的提示。

比方說，日本從二〇一九年十二月一日起，「分心駕駛」的違規記點從一點變成三點，罰款也從六千日圓提高至一萬八千日圓（一般小客車）。

之所以提高罰則，是因分心駕駛造成的事故，在二〇一三年是兩千零三十八件，到了二〇一八年則是兩千七百九十件，大約增加了四成。

由此可以發現，日本政府企圖藉由加重罰則，來降低預警事例發生，藉此預防可能引發的大型交通事故。

你也能運用海恩法則來減少自己在工作上發生失誤。

如果你是經常發生搞錯郵件收件者、寫錯發票金額位數等失誤的人，就得採取一些對策，例如：寄出信件前必定要再檢查一次收信人、提交發票前再確認一次數字等。

更進一步，你也可以觀察自己是否處於容易引發失誤的環境，像是電腦旁邊亂七八糟，以至於難以專心工作；或是發票格式的填入欄位狹小，很難看清數字等等，從中找出預防重大失誤的線索。

從海恩法則中，我們可以明白為了防患未然，平時就要預先構思好各式各樣的對策，這點是極為重要的。

10 每個月拿出三%月薪投資自我

投資有很多種類型，有些人會投資股票或共同基金，有些人則投資黃金、白金或虛擬貨幣。然而其中**最可靠的，就是自我投資**。因為你投資自己越多，就越能提升自己在公司的待遇和地位。

許多企業都在推動勞動方式改革，致力於減少加班時間的公司也越來越多。二〇一九年日本開始施行的勞動方式改革相關法案中，強制規定員工正常加班時間為每個月不超過四十五小時、每年最多三百六十小時。

在新聞上，我們會看到因為這個政策，而有一些抱怨「手頭很緊，沒有加班費就還不了貸款」的人；或準時下班回家也不知道要幹嘛，一個人跑到公園、網咖或咖啡店等地方消磨時間的「瞎晃族」。

但我認為這項勞動改革的初衷，其實是追求工作更省時省力和提升企業生產率之餘，還能讓上班族利用下班後的閒暇時間進修或做自我投資。

自我投資要做到什麼程度？

那麼，自我投資要做到什麼程度才好呢？有些人認為投資越多回報越大，不過若太過勉強也難以長久持續下去。我估計**投入月收入的三％就足夠**。

另外，你預期自我投資後能收到多少回報？

根據經驗法則，如果你以未來期望月收的三％來進行自我投資，並且堅持三年的話，你將能看見理想月收逐步實現的徵兆。

舉個例子，不論你目前的月薪是多少，如果你希望未來的月收入是五十萬日圓，那現在起，每個月就要拿出一萬五千日圓來自我投資。

換個角度來看，假設你現在每月的自我投資額為一萬日圓，那將來的月收入約為三十三萬日圓。若每月自我投資額為五萬日圓的話，未來的月收入則可超過一百六十五萬日圓。

如果是月收入二十萬日圓的人，三%等於六千日圓，以書籍來說可以買到四本，算下來平均一週讀完一本。要是能持續一年，四本×十二個月＝四十八本書，這是相當可觀的閱讀量。

月收入三十萬的人，三%等於九千日圓，以書籍來說大約六本，或是參加兩次五千日圓上下的課程。

順帶一提，根據日經新聞於二〇〇九年所做的調查，年收八百萬日圓以上的人，每月的平均購書費為兩千九百一十日圓。相較之下，年收在四百至八百萬日圓之間的人，平均購書費為兩千五百五十七日圓；年收不到四百萬日圓的人，購書費大約一千九百一十四日圓。

知名教育家森信三，在其著作《修身教授錄》中寫下這段文字：「若問閱讀對我們的人生有什麼意義，我認為最適合用『心靈食物』這四個字來總結。」沒錯，閱讀就跟攝取食物一樣。

我從小就很喜歡看書，有些朋友曾經問我：「你讀了這麼多書，都有把內容記下來嗎？」的確，我不可能記住一本書的所有細節，因此也曾經煩惱：「更深入熟讀一本書會不會比較好？」

不過，若從**閱讀是心靈食物**這點來看，培養平日隨手拿本書閱讀的習慣其實更加重要。

不論你吃下多少東西，身體也只吸收必要的量。所以最好抱持著這樣的想法來閱讀：一本書當中，哪怕只讀到三行自己不知道的內容就夠了。

持續閱讀的過程中，你或許能遇到一本足以改變自己人生的傑作。

閱讀是否為最棒的自我投資，這點因人而異，但最起碼你自己掏錢獲得的新知識，將來某一天必定能派上用場。

11 高齡員工不要超過整體員工的三成

日本長期以來都有少子高齡化社會的問題。人類會本能迴避討厭的事物，因此可能有不少人認為「目前情況還好吧」，但讓你再也說不出這種話的未來，其實已近在眼前。

二〇一七年的日本暢銷書、河合雅司所著《未來年表》中，描寫了當日本於二〇二四年成為超高齡大國後，將面臨每三人中就有一人超過六十五歲的問題。

這就是一個善用數字三，來說明嚴重性的案例。

假定企業退休年齡是七十歲。到了二〇二四年，員工數三十人以上的公司，就有十人超過六十五歲；一百人的公司，將有三十人以上超過六十五歲。

儘管有許多人過了六十五歲，依然能夠充滿活力的工作，但是與青壯年全盛時期相較，表現難免會走下坡。

如何阻止惡性循環

我們來思考看看，此時公司的人事成本會發生什麼樣的狀況。

大多數日本企業的薪資額度，是按照年資往上增加。假設某公司有一位六十歲、年薪八百萬日圓，並且符合退休資格的員工，當他退休後，儘管公司須支付退休金，但隔年起便能減少這筆每年八百萬日圓的支出（人事費）。然而，一旦延長退休年齡就沒有這回事了。

如果延長退休年齡，公司將無法省下原本能減少的支出。假定退休年齡延至七十歲，等於要多花：八百萬日圓 × 十年＝八千萬日圓。

站在企業角度來看，如果不改變人事費的總支出，就必須以降低新進和資深員工的薪資等手段來應對。

不過近年來，以年薪一千萬日圓錄取應屆畢業生的企業深受矚目，若貿然降低新進員工的薪水，恐怕會導致他們失去熱忱，甚至可能離職。

如此一來，人事費總支出不變↓降低新進、資深員工的薪資（或限縮加薪幅度）↓新進、資深員工離職↓公司只剩高齡員工↓高齡員工表現較差，無法妥善處理至今受理過的工作或案件↓顧客滿意度低落、不再往來……一間公司落入這種惡性循環是完全可以預期的。

現在早已不是大學畢業後，在同一間公司上班四十年以上還能備受讚賞的時代了。未來世代需要的，是不論活到幾歲，都能準備好隨時投入新業務或轉換不同產業，以及工作之餘還能不停自我精進的人。

除此之外，公司也應該屏除以年資來增加薪水的制度。為了保持員工的熱忱，企業必須隨時檢討支付薪資的方式。

第3章

關於五的聯想，你的進步會很明顯

1 最適團隊組成，五個人

亞馬遜（Amazon）的創辦人貝佐斯（Jeff Bezos）針對理想的團隊規模，提出「兩個披薩原則」（the two-pizza rule），也就是指一個團隊最理想的規模，為剛好可以分食兩個披薩的人數。

一個最大尺寸的披薩，大概能切成十二等分。先撇開我這種能獨自解決一整個披薩的大胃王不論，假定一個人能吃四片，二十四片（兩個披薩）÷四片＝六人，故六人即為一個團隊最合適的人數。

很多企業都想利用修改人事制度的機會，同時改變組織的體制，這時往往會把「一位主管應該負責管理幾位部屬」拿出來討論。

經營管理學有一個名為「控制幅度」（span of control）的用語，意指管埋者能有效直接管理的受雇者人數，而這個人數約為五至七人。

儘管部屬的人數會因為所擔負的業務而調整，但基本上來說大約五至七人最為理想。原因在於，如今每一位部屬承擔的業務內容越趨複雜，在這種情況下，若部屬人數超過七位，主管便很難有足夠的時間管理。

若是在有完善管理制度的大企業擔任管理職，或許還能專心管理，但中小企業的管理職幾乎都是選手兼教練（playing manager），光是和部屬面談，就十分耗神費力了。

因此，我認為一位主管所管理的部屬人數，五人上下最為恰當。

績效評估必須有根據

這點在主管進行績效評估時也一樣。

一位主管要對七位部屬各自做出完整的評估，需要投入相當大的勞力和成本，若主管沒有足夠的時間，到最後很可能變成毫無根據的評估。

績效評估的原則是「依據實際績效進行評估」。比方說，在「態度」的評估項目中，主管必須根據「是否確實打招呼」的事實來進行評估，絕對不能單憑「他似乎每天都有大聲跟人打招呼」的印象做出評價。

當評價項目等級更高時，要蒐集實際績效又更不容易了。

若主管想更了解部屬的工作情況，而排定和七位部屬每兩週進行半小時的面談，這樣就得耗掉三．五小時了，一個月下來就是七小時，換算下來等於要花上一個工作天面談。

要評估的人數越多越花時間，如果是選手兼教練的主管又難上加難了。

雖然是題外話，但有一間號稱日本最古老、位於熊本縣上益城郡的神社「幣立神宮」，供奉的是「五色神面」。五色意指膚色為紅、白、黃、黑、青色的世界五大人種。紅人為猶太人、北美原住民等，白人為盎格魯撒克遜、日耳曼等歐美人，黃人為日本、中國等亞洲地區蒙古人種，黑人為印度、非洲、巴布亞紐幾內亞等南方人，青人為俄羅斯、斯拉夫等北方人的統稱。

人是多樣化的存在，正因為形形色色的人發揮各自的特性，才能讓團隊充滿活力。我總覺得幣立神宮的神面，之所以用五色來展現，也跟這點有些關係。

2 惹火一位顧客，等於製造兩百五十個敵人

對企業來說，處理客訴是最傷神的業務之一。

最近，越來越多顧客會在發生爭議時偷偷錄音或錄影，然後上傳到網路上。在這種處理客訴稍有閃失，就會在社群網站上被到處轉發、人盡皆知的時代，企業必須慎重以對。

那麼，萬一客訴處理出差錯，會影響到多少人呢？

有一項名為「二五〇定律」（law of 250）的人際往來原則，意思是一個人平均會跟兩百五十人產生連結。換言之，處理客訴時，如果讓一位顧客感到不滿，或許將與兩百五十人為敵。

一位我長年往來的不動產銷售公司社長，經營上總是將「六度分隔理論」（six degrees of separation）銘記於心。當我詢問何謂六度分隔理論時，社長告訴我：「就

算是你完全不認識的人，透過朋友的朋友及其朋友……只要成功連結六個人，你便能聯繫到他。」

所有人事物都能藉由朋友建立關係，因此我們便能得出一項結論：你無法放心介紹給親朋好友的服務或商品，絕對不能賣。

我曾有深受蘋果客戶支援服務感動的經驗。我非常喜歡蘋果，從 MacBook Air、iPad Pro、Apple Watch、iPhone 到 AirPods 等，幾乎所有蘋果推出的產品，我都曾購買及使用。原因除了產品好用之外，我覺得他們的顧客服務也極為優秀。

我以前有一臺 iPad Pro，曾發生因電源突然失效而損壞的事情。當我透過線上對談和蘋果客服聯絡時，客服人員除了表示歉意，也很理解我無法使用產品的難受感覺，所有應對顧客的方式都很出色。這就是一種將客訴昇華為好感度的好例子。

壞話傳播幅度是好話的十倍

那麼，當你提供良好服務時，是否也同樣適用二五〇定律呢？

很遺憾，沒有這回事。

有一個「三對三十三定律」，內容是說對某項服務或商品感到滿意的人，只會向三個人分享好評；而感到不滿的人，則會向三十三人大肆宣傳。

換言之，人們傳播壞話的程度，是傳播好話的十倍以上。

和我合作的公司中，有一間專營網購服飾。這間公司所經手的商品和顧客服務都很優秀，也是 ZOZOTOWN 和樂天市場等日本知名網路購物中心的人氣店家。然而，偶爾也會發生因流程出錯，導致寄送商品的尺寸和顏色皆不符合顧客訂單的事件。這時商店網頁的意見欄中，往往會出現極差評價的回應。

該公司為此感到很無奈。明明營運上幾乎沒出什麼問題，卻因為這種少數極差評價，而拉低商店意見欄的平均分數。

企業提供的商品或服務，理應讓顧客感到滿意。顧客一旦不滿意，怒意便會湧現，而不自覺放大看待這個失誤。因此，網路商店上的評論欄，通常會出現較多的差評。

這就是企業必須小心謹慎處理客訴的原因。

3 爭取新客戶的成本，是留住老顧客的五倍

從事行銷或業務的人，一定都有被公司不停叨唸：「給我新客戶！新客戶！新客戶！」的經驗。畢竟若不爭取新客戶，一間企業遲早會倒閉。如果太仰賴既有客戶，一旦老主顧離開，就很難營運下去。

因此，尋求新客戶可以說是企業最重要的任務。然而，業務上最困難的，也正是爭取新客戶。

行銷界有一項經驗法則，稱作「一比五定律」。

這個概念是說，爭取一個新客戶所要花費的成本，是留住一個老客戶的五倍。以行銷商品的情況來說，若留住老顧客的成本只要十萬日圓，開發新客戶就得花上五十萬日圓。

為了讓新客戶認識自家商品，進而購買商品，不論是刊登大規模的廣告、舉辦

新客戶的專屬活動、發試用品等，都需要花上不少成本。

顧客買下商品前的過程

顧客的購買行動，據說是按照一項「AIDMA法則」來進行。所謂AIDMA就是下列①～⑤的首字縮寫，這是由美國銷售專家山姆・羅蘭・霍爾（Samuel Roland Hall）於一九二〇年代提倡的理論。

①Attention（引起注意）。
②Interest（產生興趣）。
③Desire（刺激欲求）。
④Memory（強化記憶）。
⑤Action（付諸行動）。

為了促使顧客購買商品，首先要讓他們願意多看一眼，產生想了解這是什麼商品的念頭。接著，刺激顧客「想要這個！」的欲求，並因為留下深刻印象而決定購買，這一連串流程就是 AIDMA 的框架。如今，因為網路購物普及，這個框架也出現了變化。近來很受矚目的是同為五階段的 AISAS 框架。另外還有 AISCEAS 和 DECAX 這兩種框架可供參考（見左圖）。

顧客的購買行動框架

AISAS

① Attention（注意）
② Interest（興趣）
③ Search（搜尋）
④ Action（行動）
⑤ Share（分享）

AISCEAS

① Attention（注意）
② Interest（興趣）
③ Search（搜尋）
④ Comparison（比較）
⑤ Examination（檢查）
⑥ Action（行動）
⑦ Share（分享）

DECAX

① Discovery（發現）
② Engage（關係）
③ Check（確認）
④ Action（行動）
⑤ eXperience（體驗與分享）

用心對待老顧客

由於開發新客戶要付出大量的成本和精力，所以推出新商品時，先賣給既有顧客，就成為約定成俗的商業做法。

因為既有顧客早已了解你的公司，你不必費太多力氣便能將新商品賣給他們。這種老主顧中，有些人會出於習慣而購買，所以就算折扣金額不多也能推銷出去。

一比五定律告訴我們，爭取新客戶要付出大量成本；反之，與既有顧客保持聯繫的成本，只需要開發新客戶的五分之一。相信你現在一定明白，下工夫讓新顧客變成回頭客，而不僅僅是一次性顧客有多麼重要。

還有一項同屬行銷經驗法則的「五比二十五定律」。意指只要將顧客流失率控制在五％以下，就能提升二五％的利潤。

這條定律的立意是，留住老顧客的行動跟爭取新客戶一樣重要。

根據美國《哈佛商業評論》（*Harvard Business Review*）雜誌所做的調查，顧客流失的原因主要有下列五個。

第一名：業者沒把自己當一回事（六八％）。
第二名：對商品或服務感到不滿（一四％）。
第三名：自行比較商品和價格後購買其他商品（九％）。
第四名：朋友推薦其他商品（五％）。
第五名：搬家、過世等（四％）。

從調查中可知，只要業者好好維持與顧客的交流往來，就能有效止住顧客流失率。所以即便沒什麼要事，也請立刻去跟一段時間沒往來的顧客打聲招呼吧。

當我看到上面數據時，覺得沒有事先預約的銷售拜訪，或許還是有可行性的。

4 錄用一位新員工的成本為五十萬日圓

企業若沒有定期招募新鮮人，整個組織就會因為平均年齡提高而邁入老化。然而，近年來很少企業敢說自己「順利招募到剛畢業的新鮮人」。

整體看來，日本的年輕人口不斷減少，因此不論哪一間企業都很難找到剛畢業的新鮮人，甚至還有發出錄取通知卻被對方回絕的狀況。

跟我有往來的中小企業人事負責人提到：「我們受命以錄用四十名新鮮人為目標。可是近年來就算發出錄取通知，也有半數的人會回絕。儘管我們預料到這種狀況，而把錄取人數上限調成八十人，但能力達到錄取標準的人才，根本湊不滿八十人。」我甚至還聽過有人表示：「我們公司大約有四十名員工，新鮮人最多三個就夠了，不過即便發出錄取通知，最後他們也是跑去大公司上班了。」

出人意料的錄用成本

招聘作業所耗費的不僅是勞力和時間，還要加上其他成本。

根據日本知名求職網站 Mynavi 所做的「二〇一九年畢業 Mynavi 企業新鮮人錄取狀況調查」，**招聘一名新鮮人的平均成本為四十八萬日圓**。上市企業平均四十五．六萬日圓、非上市企業平均四十八．四萬日圓，取整數大約五十萬日圓。

招聘所需的費用，不僅僅是在求職雜誌上刊登廣告，還包含舉辦說明會時的場地費、廣告寄送費和招聘道具（按：此指公司介紹手冊、社群網站上的廣告、影片等，是日本企業常用來吸引新鮮人的手段）的製作費等。

花在招聘活動上的總額，整體平均為五百五十七．九萬日圓。其中，上市企業為一千七百八十三．九萬日圓、非上市企業為三百七十五．一萬日圓。

如果企業不招聘新鮮人，而是利用人才介紹服務，尋求有工作經驗者的話呢？

雖然應聘人的能力和經驗會有個人差異，但人才介紹服務的仲介費，平均為應聘人年收的三〇％至三五％。這種情況下，假設應聘人希望年收為六百萬日圓，仲介費大約是兩百一十萬日圓（六百萬日圓×三五%），足以錄用四位新人。

當然，這筆費用是高或低、究竟值不值得，要取決於招聘的企業方。

只不過我預估，今後隨著青年人口逐漸減少、人才招聘競爭更加激烈，短時間內不僅脫離不了年輕至上的趨勢，甚至還可能持續加劇。

錄用尋找第二份工作的「半新鮮人」（按：在日本是指高中或大學畢業後，決定尋找第二份工作，有點經驗但還保留點稚氣的年輕工作者，一般來說不超過二十五歲）也是一個方法。然而，一間企業能長久存續的祕訣，就在於將企業文化傳承和教育給還是一張白紙的新鮮人。

招聘新鮮人的竅門無法在一夕之間獲得，但我認為儘管需要投入大量成本，企業也應該每年固定招攬應屆畢業生。

5　一個員工至少要創造高出薪資五倍的業績

有很多人認為，公司支付的薪水跟自己貢獻的業績及利潤，相較之下根本不成比例，所以「應該要加薪！」

然而，經營一間公司其實涉及各種成本。

在協助企業建立人事制度的過程中，我曾有機會徵詢年輕員工的意見。我請每個人利用四十至六十分鐘，針對組織氣氛、公司內部職階制度、薪資制度和績效評估等方面發表看法。其中，「希望提高加薪幅度」是最常聽到的意見。

想要加薪的年輕員工中，有些人認為：「公司肯支付高薪給社長和高階主管，卻不願意將利潤回饋給年輕員工。」

事實上，的確有些公司不願意將盈利回饋給員工，但就我所知，這種公司並不多，或說其實越來越少。

大多數的公司，都為了如何讓員工過上更豐足的生活，而費盡心思擬定薪資。只不過，當前不安定的經濟環境，才是難以提高薪資的主因。

另外，我也常聽到有人表示：「我這一季的業績明明做到三千萬日圓，但薪水還是停在二十五萬日圓上下，簡直莫名其妙。雖然我現在單身，但只拿到這點錢，根本不敢妄想未來能結婚或買房了。」

然而，對某些行業來說，這三千萬日圓的業績，能拿來支付該員工薪酬的部分可能非常少。

了解利潤和成本

那麼，一間公司的利潤和資金是如何運作的？

公司的利潤主要有五種類型。

①營業毛利：一般稱為毛利。這是從營業收入中扣除成本後得出的數值。

②**營業淨利：**從毛利扣除營業費用的數值。營業費用包括：為販賣商品支出的廣告費用、員工薪酬、外包費、每月交通費及客戶應酬費等。營業淨利也就是企業以本業賺得的收益。

③**繼續營業單位稅前淨利：**這是營業淨利加上營業外收益，並扣除營業外費用後的數值。以拉麵店為例，拉麵店本業以外賺得的利潤（如：經營房屋出租、停車場等收入）即為營業外收益；營業外費用則包括從銀行借錢產生的利息。

④**稅前淨利：**從繼續營業單位稅前淨利加上額外獲利，並扣除額外損失後得到的利潤。額外獲利包含出售不動產等，額外損失則包括因災害等而造成的損失。

⑤**本期淨利：**以稅前淨利支付營利事業所得稅等各種稅金後的利潤。

企業的目標是竭盡可能提高第⑤項的淨利，但在這之前，必須扣除大量成本。

公司要支付的錢不只有員工薪資

一間公司的員工薪酬大多是從①營業毛利來支付，但有些情況下，一開始的成本占比就很大。製造業中，甚至有些公司的成本率（成本÷營業收入）高達九〇%以上。

假設公司的成本率為九〇%，一個員工就算做到三千萬日圓的業績，營業毛利也只有三百萬日圓（三千萬日圓×一〇%）。因此，即使不計較交通費或廣告費等經費，也不管淨利多少，公司最多也只能付給員工三百萬日圓。

然而，公司要付給員工的錢不是只有薪水，還有社會保險費用、退休基金等費用。而社會保險費，企業和員工要付的幾乎相同，是薪水的一五%。（按：日本社會保險相當於臺灣的健康保險。而臺灣健保費計算方式為：投保金額×保險費率五．一七%×負擔比例×人數〔本人＋眷屬人數〕）舉例來說，月薪二十五萬日圓的員工，其社保費試算後為三萬七千五百日圓。所以合計下來，公司最少要負擔二十八萬七千五百日圓。

業績是薪水五倍的人，才夠格大聲說話

長久以來人們都說，一個員工要賺到高出薪水五倍的錢，才算獨當一面。當然這點會根據行業型態而有所不同，但獨當一面的形容十分精準。

另外，雖然也依行業而異，不過基本上以公司的立場來說，每一位雇員至少也應該做到年收十倍左右的業績。比方說，A職員的年收是四百八十萬日圓，加上社保費和退休基金等費用，約為年收的一．二五倍，故公司的實質負擔額約為六百萬日圓。

如果A是負責銷售職務，則還得另外賺足那些不直接參與銷售的雇員（如：總務、採購人員等）薪資才行。我們以銷售人員與後勤人員的比例是三比一為前提，以此來計算三名銷售人員要賺多少，才能支付一名後勤人員的薪水，並假定兩方的薪資相同。

另外，假設定勞動分配率（參考第一章第七節）為五〇%、淨利率（來自業績的淨利）為三〇%，那麼A應該賺取的金額如下頁表所示。

維持薪資所須的業績金額

（以年收480萬日圓的銷售人員為例）

公司所支付的年薪	480萬日圓
固定薪水加入社保費等費用後 480 萬日圓 ×1.25 ＝ 600	600 萬日圓
三名銷售人員 負擔一名後勤人員的薪水的情況 600 萬日圓 ×1.3 ＝ 780	780 萬日圓
勞動分配率 50% 780 萬日圓 ×2 ＝ 1,560	1,560 萬日圓
淨利率 30% 1,560 萬日圓 ×3.3 ＝ 5,148	約 5,200 萬日圓

依照上述假設，年收四百八十萬日圓的A，如果想維持目前的年收，最少必須賺到五千兩百萬日圓的業績，相當於年收的十一倍。

話雖如此，這其實是理想情況。**一位能獨當一面的員工，只要賺到上述的一半，也就是年薪五倍的業績，公司就得以持續營運了。**

本節開頭哀嘆自己「明明賺了三千萬，卻沒加薪……」的員工，假設他的固定薪資為二十五萬日圓、不發配獎金，那年收就是三百萬日圓。儘管看似很少，但如果從薪水是業績的十分之一的角度來看，可以說是恰如其分的薪資。

6 你需要多少錢才能退休？五%法則做規畫

二〇一九年六月，日本金融廳（按：相當於臺灣的金融監督管理委員會）提出的一份《存款不滿兩千萬日圓，退休日子難過》報告書，造成巨大迴響。

在企業工作的人，都會面臨退休問題。但假如一個人工作到六十歲，總共能賺得多少收入？坊間有一說是三億或二．五億日圓，但實際上果真如此嗎？

企業在設計薪酬制度時，會建立一個薪酬模型。這是以高中或大學畢業到職後，直到六十歲為止都有順利晉升的情況而設計的模型（當然，也有針對發展不順遂的情況，另外設計數種模型）。在這種模型下，的確有很多人的終身收入能達到兩億日圓左右，算是印證了坊間的說法。假定終身收入為兩億日圓，則每年的平均年收約為五百二十六萬日圓（＝兩億日圓÷三十八年〔二十二歲至六十歲〕）。

日本人的平均年收約為五百萬日圓，與這個數字大致相符。

根據勞動政策研究暨培訓機構於二〇一七年提出的調查顯示，終身收入雖然會因學歷背景而異，但推估落在二．五至二．八億日圓之間。

中小企業的退休金行情

那麼，一般人退休時能拿到多少退休金呢？依據日本經濟團體聯合會（按：日本一個由企業組成的業界團體，簡稱「經團聯」）於二〇一四年所實施的調查，大學畢業擔任綜合職（按：日本企業招聘時分為綜合職與一般職。綜合職有明確的升遷制度；一般職則多為事務工作，沒有升遷保障），並一路工作到六十歲的人，其退休金約有兩千三百五十八萬日圓。

參與這項調查的企業，是兩百五十七間隸屬經團聯和東京經營者協會（按：與經團聯性質相近，主要由東京的企業組成）的企業，其中員工數五百人以上的大型企業占八一．七%。

這裡我們再來看一下，東京都產業勞動局於二〇一八年發布的「中小企業的薪資與退休金實況調查」，不同產業別、大學畢業且長年任職員工的退休金，其平均數據是一千兩百零三萬日圓。

由於我服務的對象以中小企業為主，所以對這個數字比較有感。假設一個人的終身收入為兩億日圓，一千多萬日圓的退休金約占終身收入的五%。

不過退休金會跟薪水、級別和職位連動，這些都因公司而異，只要記住退休金大概是你生涯收入的五%就對了。

假設一對高齡夫婦退休後的收入（含按期支付退休金等）為二十一萬日圓，但每月支出為二十六萬元，等於每月短缺五萬日圓。每月超支五萬日圓的情況下，以續活三十五年（六十至九十五歲）計算就是兩千一百萬日圓，這就是「退休前需要存兩千萬日圓」說法的由來。

假如是在大企業工作，而且退休金金額和調查結果一樣，是兩千三百五十八萬日圓的話，就能順利度過退休生活。如果不是，恐怕六十歲以後還要繼續工作，或者必須想辦法省吃儉用。

不過，我總覺得金融廳用三十五年來計算有點太超過。現實上可能只有二十五年左右（八十五歲），若以此計算差額大約為一千五百萬日圓（五萬日圓×十二個月×二十五年）。退休金加上六十至六十五歲之間還有其他工作收入的話，應該足以應付。

如何在長命百歲的時代存活下去

話雖如此，若考量到工作者轉職情況普遍、自由工作者增加的趨勢，人們今後在同一間公司工作到退休為止的情況，只會越來越少。

由於大多數企業的退休金制度，是連續工作年數越久支付越多，所以未來能得到前述金額的人只會減少。這樣一來，你就有必要做好人生規畫，例如：

①選擇六十歲後還能繼續工作的公司。
②進行資產配置，為退休做準備。
③活用自身技能和經驗，退休後創業。

（編按：臺灣較少人會在同一間公司任職到退休，因此接下來以勞保老年年金及勞工退休金兩種年金制度，來討論退休金的狀況。勞保年金平均每月提領金額約為新臺幣一．六萬元，而勞退新制（二〇〇五年起，雇主每月提撥勞工薪資六％，滿六十歲可領）計算每月約能領六千至八千元，合計勞工每月退休金約在二至二．五萬元之間，每年約領三十萬元，假定領二十五年（六十至八十五歲），則可領約七百五十萬。而依二〇二〇年104資訊科技公布「臺灣薪資福利調查報告」顯示，臺灣人平均年收為六十四．一萬，若假設終身收入為年收入×三十八年（二十二至六十歲），約為兩千五百萬，則臺灣人能領的退休金，約為終身收入的三〇％。另外，依行政院二〇一八年度「家庭收支調查報告」，五十五歲以上的退休人士平均每月基本消費支出，約須新臺幣一．五萬至兩萬元，如果想要有較舒適的退休生活，最好能準備每月三萬元至四萬元。臺灣平均退休年齡為六十一．一歲，若以退休後平均餘命約二十三．五年（約八十五歲）計算，差額約為四百二十三萬元（若每月花費須四萬元、領取退休金二．五萬元，差額為一．五萬元：一．五萬×十二個月×二十三．五年）。）

7　善用一年五百小時的通勤時間

如果你工作的地點在市中心，而居住地在郊區，通勤就會占據你很多的時間。實際上，一般人需要花多少時間通勤呢？

根據一項二〇一四年的調查，五年內購買房屋的上班族，其單程通勤時間平均為五十八分鐘（at home 股份公司「二〇一四年通勤的實態調查」）。也就是說，來回算下來要花兩小時在通勤上。

倘若一個月要上二十二天班：兩小時×二十二天＝四十四小時，換算成一年就是四十四小時×十二個月＝五百二十八小時。以天數來說大約三週（五百二十八小時÷二十四小時＝二十二天），這可是相當驚人的時間。

每天付出的努力能創造巨大差距

有一條「一．〇一法則」，是指用一．〇一乘上三百六十五次，會得到三十七．八的數字。也就是說，比起什麼都不做的「一」，每天只要多做〇．〇一，一年就能打造出三十七．八倍的差距。從長遠來看，比起什麼都不做，每天只要多一點努力就能帶來巨大的改變。

如果每年通勤時間有五百小時的話，或許能利用這個時間學習某項專業資格，來提升自身技能。例如，國家考試中律師高考是公認難度最高的考試，據說至少要讀滿六千小時才會合格。如果想考取會計師須學習三千小時，社會保險勞務士（按：可為勞工或企業提供勞動相關諮詢或代書）必須花一千小時，民法代書要學習六百小時，而房地產經紀人需要四百小時。

要投入多少時間準備才能合格，會因個人背景而有差異。加上通勤時可能遇上人潮過多，而無法好好坐著等環境限制，除非有超人般的意志力，否則光靠通勤時間讀書可能很難通過考試。不過，若能有效利用一年五百小時的通勤時間，必定能大幅縮短與合格標準的距離。

你也能利用通勤時間來閱讀。根據樂天 Books 於二〇一八年所做的「商務人士的閱讀實態調查」結果，一天能有一小時以上閱讀時間的人，僅占一一．六％。附帶一提，回答低於十五分鐘的人占三九．四％。

如果你每天花兩小時閱讀，應該就是一一．六％中的頂尖了。

有效運用通勤時間，一點一滴的累積實力，絕對能獲得豐碩的成果。

8 努力一萬小時（五年），你才會有成就

「就算竭盡心力也做不出好的成果，感覺主管對我的表現很失望。」相信有不少為此而焦慮不已的人吧。

培訓新人時，有時候會有人問我：「要花多少年才能獨當一面？」我總是回答：「這點因人而異，但按部就班大概也要五年吧。」

然後，對方往往會回應：「五年啊……也太久了吧。」

有一條極為著名的「一萬小時法則」，說明一件事要做到專精，必須投入一萬小時才行。

事實上這個時間很難一概而論，畢竟會隨著事情的難易度而有所不同，但一萬小時的說法很具衝擊性，加上和一般人的實際體驗相較之下也不算太離譜，因而成為廣為人知的說法。

想成就什麼至少要努力一萬小時

那麼，一萬小時對一般上班族來說是多久呢？

假設每天上班時間為八小時，一萬小時÷八小時＝一千兩百五十天。只不過，我們並非三百六十五天都在工作。根據日本厚生勞動省二〇一八年的數據可知，上班族一年有一百一十四天（一百一十三．七天）休假，若以這個數字來計算，工作日數為兩百五十一天（三百六十五天－一百一十四天），那麼一萬小時就是四．九八年（一千兩百五十天÷兩百五十一天），**大概就是工作五年**。

人的成長速度和方式各有不同。有些人會像正比例直線圖般，隨著時間穩步成長；有些人則像指數函數圖般，儘管到了第四年仍無長足進步的跡象，卻會在第五年急速成長。

特別是指數函數成長型的人，往往很難在初期階段獲得進步的實感，容易因為過程中不斷遭遇挫折，而中途放棄或辭職。這點請負責培訓新進員工的人員，務必牢記於心。

人手短缺的中小企業都有一種風氣，就是希望新進員工三年能獨當一面，甚至最好在一年內步上軌道，否則就是造成公司營運上的困擾。若是發生任職三年還不開竅的情況，就會給員工貼上「沒用」的標籤。

小小的期待可以帶來大大的勇氣

教育心理學中有一個「畢馬龍效應」（Pygmalion effect）的論說，亦即告訴一位老師：「這個學生有能力考出好成績。」讓老師先對學生有此印象，接著再進行教學，結果真的讓學生成績提升的現象。相反的，有個「格蘭效應」（Golem effect），則是在說一個學生因為完全不受他人期待，成績因而下滑的現象。

這項實驗受到各方批評，例如：「純粹就是老師偏心造成的嘛！」「所以意思是說，學生不優秀，老師就不會積極投入教學？」不過，這些心理學論述同樣適用於人才培育的情況。

如果你認定某位員工沒用，那麼他就很難分配到有成長機會的工作。而被認定有能力的員工，則會因為主管認為「他最近進步不少，乾脆就把工作交給他吧」，因此被交付許多具有成長機會的工作。

結果長達四十年的職場人生，就形成了極大的差異。

這點實在令人非常扼腕。因為有的人可能無法在三年內獨當一面，但十年後卻能成為撐住公司的菁英級員工。

人才培育堪稱「擔雪埋井」的作業，這是臨濟宗的僧侶、白隱禪師說過的話。所謂擔雪埋井，意指將雪投入井裡馬上會融化，無法填滿井，但就算如此，也該一次又一次的持續下去、堅持到底。

以公司來說，有必要制定出讓員工工作達一萬小時之前，不輕易放棄、能夠持續成長的方針。現場的主管或前輩必須調整想法，就算要多花點時間也該好好指導、協助新進員工。

第4章

告別瞎忙的數字定律

1 八成的業績來自兩成顧客

有一條商場人士熟知的「八十／二十法則」（the 80/20 rule），又稱二八法則、八二法則或簡稱「二八」。甚至也有人將數字顛倒過來稱二十比八十法則。

這條法則之所以出名，就在於它的應用範圍相當廣泛。

原本這條法則是由義大利經濟學家帕拉托（Vilfredo Pareto）所提倡，故又稱作「帕拉托法則」（Pareto principle）。主要是談財富再分配理論，其論點是一國總人口中，僅兩成的人擁有全國八成的財富。

八二法則本來只是一個經濟學的概念，卻因為對應到許多社會現象、自然現象及商業實態，因而聲名大噪。比方說，下面列舉的幾項事實。

①八成的業績來自兩成的顧客

這點或許不符合某些經營型態，不過大多數的情況下，銷售業績的八成，是來自僅僅兩成的優良顧客。

②八成的銷售額是由兩成的商品貢獻

即便提供顧客多樣化的商品，但銷售業績大多時候是來自兩成的招牌或人氣商品。不過，不能因為「只有招牌商品和人氣商品暢銷，就降低其他商品的推銷力道」，而是該思索「如何增加另外八成商品的銷售占比」。

然而近年來，特別是網路上，有一條與八二法則相反的「長尾理論」（the long tail）蔚為主流，指的是八成冷門商品加總起來的銷售額，大於僅占兩成的暢銷商品。也就是說，只要廣泛聚集各類品項，即使是幾乎賣不掉的小眾商品，也有助於提高整體銷售額。

③八成的工作成果，產自工時的兩成

不論你投入了多少時間完成一項工作，其中廣受好評的八成，也只是你投入總時間的兩成內所完成的。換言之，做事深得要領的人，在八小時的上班時間中，只要全神貫注一．六小時，應該可以做出滿意度高達八成的成果（但前提是這個人能自由分配工作時間）。

工作的基本原則「八成準備、兩成執行」

有一句誕生於歌舞伎界的格言「八分畫龍、兩分點睛」，意思近似於「八分準備、兩分完成」。

這點在職場上也一樣。有些人進行簡報或洽商時，習慣臨場發揮，不太會做事前準備，但現實可沒這麼容易。確切做法應該是八成準備、兩成執行。

我曾有擔任培訓講師的經驗。記得那時主管建議我：「全力去做準備吧，因為培訓的八成成果，取決於事前投入程度。」此外，主管還說：「培訓是要與人面對面的事情，講課的過程中一定會有學員感到困惑，所以你要留意他們的表情和動作，抱持著可以捨棄一切事前準備的心態去面對。」

有些人聽到這種話，可能會覺得：「既然這樣，不做任何準備直接登臺，不是更有效率嗎？」但正因為有扎實的準備，才可能當場放棄事前準備的一切，並且臨機應變。

因為做好準備，遇到狀況時才能靈活變化，這點適用於任何類型的工作。

2 第一名怎麼甩開第二名？蘭徹斯特戰術

「難道第二名就不行嗎？」這句引發爭議的發言，來自某位日本國會議員。然而事實上，第一名和第二名之間的差距可是超乎想像的大。

有一個說明第一、二名差距是以兩倍程度拉開的「齊普夫定律」（Zipf's law）。美國語言學家齊普夫（George Kingsley Zipf）調查英語中出現頻率最高的單字時，發現第一名的「the」為七%、第二名的「of」為三．五%、第三名「and」為三%。亦即，第一名的數值除以二就是第二名的數值，第一名數值的三分之一則為第三名的數值。

網頁的訪問頻率、都市人口（都市排名和規模法則）、世界前三%有錢人的收入、音符在音樂中使用的頻率、細胞內基因的發現量等數據，也都能套用到這個定律上。

實際上，如果看日本的都市人口數，人口數最多的東京都特別區為九百二十七萬人、第二高的神奈川縣橫濱市為三百七十二萬人、第三名的大阪府大阪市為兩百六十九萬人。橫濱市人口數約為東京的四〇％，大阪市則大約是東京的二九％，可算是符合這個定律。

如何贏過競爭對手

齊普夫定律大致上能套用到語言和都市人口上，那在商業領域又如何呢？

第一名與第二名，兩者留在人們記憶中的機率具有壓倒性的差異。而且套用到第三章介紹的 AIDMA 的「A」（attention，喚起注意），這份差異足以改變商品最終的購買率。

另外，就連第二章出現的「蘭徹斯特法則」也提到，第一名和第二名以下的對戰方法也有極大的不同。

根據蘭徹斯特戰術，第一名的公司應該採取「腳下之敵」（按：集中力量對付射程範圍內的敵人）攻勢。換言之，如果將第二名的公司列為競爭重點，就能擴大自家公司的市場占有率，進一步拉大與第二名之間的差距。這個與第二名競爭的做法又稱「目標集中策略」。

另一方面，第二名以下的公司，因為整體實力無法與強者匹敵，最有力的做法應該是，盡量選擇能一對一競爭的戰場、戰力能集中於一點上的「游擊戰」。

不論任何領域，第一名都擁有存在的優勢和強大品牌力。

3 組織成員的比例一定是二：六：二

有一個稱作「懶螞蟻效應」的論說。這是來自北海道大學研究所的長谷川英祐副教授，從其研究中導出來的論點：「組織中的成員，有兩成勤快工作、六成以普通速度工作，還有兩成閒閒無事。」

如果你仔細觀察一群螞蟻，會發現其中必定有兩成左右四處閒晃的「懶螞蟻」。然而，若去除這兩成懶螞蟻，剩下的螞蟻集團中又會出現兩成的懶螞蟻。反之，若將懶螞蟻湊成一個集團，其中有一部分會轉任工蟻，兩成維持懶螞蟻。

這個現象背後，有螞蟻存活續命的智慧運作著。在螞蟻的世界中，有一種針對工作的「反應臨界值」（按：response threshold，引發感覺或反應的最小強度或刺激量），通俗一點的說法，就是對事情的反應有多快。有工作必須進行時，反應臨界值低的螞蟻會率先行動；當這些螞蟻累到動不了之後，就換成原本沒在工作、反應臨界值高的螞蟻工作。

假設蟻穴中的所有螞蟻同時工作，疲累的時間點也就會一樣，如此將無法應付危急狀況。因此，螞蟻的組織架構中總會保有一部分懶螞蟻。

也就是說，這個運作方法具有永遠不讓勞動停滯的成效。

六成人的行動被兩成的人帶著走

即便是人類的組織也符合懶螞蟻效應。在公司組織中，工作高手、表現普通、沒能力的人也能按二：六：二的比例劃分，故又稱作「二：六：二法則」。

我問過很多企業的人事負責人，皆表示這個比例大致上是符合的。兩成的高績效員工引領中間的六成員工，至於會引發問題的通常就是績效較低的兩成。

對公司來說，最重要的是如何提高中間六成員工及較低兩成員工的能力，這樣才能創造出組織整體的優勢。就算是較低的兩成，也是維持組織內部平衡的必要性人才。若對照前述的螞蟻工作法則，即使組織剔除績效較低的兩成員工，認真工作的六成員工中，一定也會有某些人轉變成為較低的兩成。

另外，我作為諮詢顧問，為企業提供人事制度的建議時，很重視打造出能讓所有人發揮能力的組織架構。為此我總是想提出「不論是企業、在其中工作的雇員，甚至該企業的交易對象都滿意的制度」。

然而實際上，大多數提案都難以讓所有人滿意。因為公司大多會利用改革的時機，重新評估（多半是減少或刪除）既得利益者的各種津貼或待遇。所以不論提案或改革內容如何，總是有兩成的人會反對。

當我向員工說明改革內容、進行問卷調查時，幾乎都會得到兩成贊成、兩成反對、六成沒意見的結果。這時如果贊成的兩成是屬於有影響力的人，就會促使沒意見的六成改投贊成方。

也就是說，當企業想推動改革，如果能投注全力爭取兩成的強勢贊成者，就更容易引導沒意見的六成人轉而贊成改革。組織改革時，就該有效運用這個法則中的權力平衡（balance of power）技巧來達成目的。

人際關係也適用二：六：二法則

這點在人際關係上也一樣。

大學時期我曾擔任補習班講師，常常有學生向我傾訴下列煩惱：「我跟朋友處不好」、「我沒有真正的好朋友」，這時我會對他們說：「人際關係是一種二：六：二的法則喔。你能打從心底信任的好朋友只有兩成，普通朋友大約六成，絕對不可能變得親近的人則有兩成。所以遇上處不來的朋友，你能做的就是乾脆把他們劃分到不可能親近的兩成。」

我想你在職場上應該也有不對盤的主管或同事，他們或許就是你絕無可能親近的那兩成。遇上這種人，不論你再怎麼努力想要改善雙方之間的關係，白費力氣的可能性還是很大，若是如此，不如乾脆切割，讓雙方的往來維持在不至於惡化的程度即可。

4 人才培育的七二一學習模式

主管的工作除了管理部屬之外，還要培育人才，這時有個能幫上忙的法則。看到「七二一學習模式」（70-20-10 model），你覺得這數字代表什麼意思？這是表示足以對人才培育造成影響的「行為比例」數字。當人在學習與工作相關的技巧或知識時，七〇%是從現場學習、二〇%來自他人的建言或意見、一〇%來自課堂學習。

大多數的公司想培育人才時，首先想到的是用講座、研習等課堂形式來進行，但其成效事實上僅有一〇%，所以單靠培訓是無效的。

培訓終究只是一個起點，重要的是實際經驗，也就是如何加強七〇%的現場學習。所以讓培訓學員在課堂後，將學習的內容套用到實際工作上才是重點。

人才培育的學習步驟

該如何督促部屬或員工在工作現場學習？首先，你必須了解人的成長循環。

美國教育學家大衛．庫柏（David A. Kolb）提出一項很重要的人才培育概念「經驗學習理論」（experiential learning model）。這是一個建立在「經驗—反思—概念化—實踐」循環的理論（見下頁圖），顯示人們如何從經歷的事件中學習。

反思是藉由對事件提問，回顧、釐清這起事件是好是壞的步驟。

概念化是將反思過後的事件抽象化，思索「如何將這次的經驗，應用到其他事物上」。比方說，工作上發生失誤或事故時，要進行檢討：「為什麼會發生這種事？」、「該如何避免同樣的失誤再度發生？」

如果只是檢討這次的錯誤就結束了，即使能當場處理掉問題，但下次再發生失誤或事故時，很難活用過去經驗。所以進行概念化，思考「套用到其他事情上會如何發展？」在經驗學習中是很重要的一環。

這個做法在工作上獲得成功時，也一樣需要。

經驗—反思—概念化—實踐的循環

雖然比起成功因素，我們更偏好探究失敗的原因，但我們也應該徹底反思成功事例，將它抽象化到足以重現的程度，而非只是一次性的偶然中獎。

讓隱性技術被看見的訣竅

我實際服務過的某間企業，在公司內部導入了一項「共享最佳典範」的機制。

他們將所有員工聚集到會議室，從資深員工到新進員工，都要發表自己日常經手的工作

經驗—反思—概念化—實踐的內容和具體事例

階段	內容	具體事例
經驗	一項值得反思的經驗，或出乎預期的體驗。或者以反思日常業務當作學習經驗。	出貨處理出錯，顧客收到錯誤的商品而提出客訴。
反思	針對經驗提問或回顧，省思某件事情是好是壞。要一邊透過他人的提問或指教，一邊進行反思。	「我不應該以口頭方式傳達給出貨負責人」、「我應該保留訂單的聯絡紀錄」。
概念化	將反思的事件概念化，思考如何挪作他用或多方運用（構思自己的論點）。	重要事項不能只有口頭交代，而應該採取電子郵件等可以留下聯絡紀錄的方式。
實踐	基於反思、概念化的結果，展開新行動。	與他人分享學習心得、加以實踐。

中，有哪些取得成功、為哪些事情下了改善的工夫。雖然員工在發表前，都會提出很消極的意見，像是「我又沒做什麼」、「我不覺得這是值得分享的成功案例」，然而實際發表時，往往就出現了典範，讓場面格外熱絡。

因為發表人在準備簡報的過程中，會進行「經驗—反思—概念化」，而得以在不知不覺間完成一項經驗學習（將經歷過的事件變成學習心得）。像這樣的「內隱知識」（tacit knowledge），即沒有化為具體語言、不自覺使用的技術，是一種不會呈現在財務報表上，卻極為有價值的隱性資產。若公司內部有越多人共享這類典範，組織擁有的資產也會越多。

如果能將這類隱性知識整理出來、在組織內部共享，絕對能創造出對手模仿不來的差異化關鍵。

由於這類最佳典範，是以公司內部發生的事件為主，所以會比培訓聽講或閱讀商管書更有真實感，員工也更能從中吸收到有用的技巧。一旦典範案例累積到某種程度，甚至能按照情境、課題做分類，建立起公司原創的技能指導手冊。如果進一步按年資或主題來彙整，還能用來培訓新進員工或主管人才。

飯店業享負盛名的麗思卡爾頓酒店（Ritz-Carlton），將顧客的感動體驗稱作「優質服務故事」（按：wow story，讓住客忍不住脫口驚嘆「哇！」的感動故事），並藉由共享誕生在世界各處的優質服務故事，來持續激勵旗下員工。

例如，有個故事是一名顧客向飯店員工表示他計畫在游泳池邊求婚，服務員除了幫忙張羅花束和冰鎮香檳外，也鋪了一塊絨毯讓顧客跪下時比較舒適。或是有位住客哀嘆，明明是為了賞櫻來日本，卻錯過了盛開期，結果飯店人員在他的住房內布置插滿盛開櫻花的大花瓶，並附上一張優美的櫻花問候卡。

最佳典範不僅能應用於服務業，也能施行在企業對企業（B to B）的製造業、批發或貿易公司等。只要持續累積，任何公司都能建立起他人難以超越的優勢。

倘若培訓方式錯誤，就無法發揮預期的成效。為了培育人才，很重要的一點是如何促進員工反思現場經驗，並將經驗概念化。

想要培養員工，企業要善加利用「七二一學習模式」，將工作現場學到的事情共享給更多組織成員。

5 開會不要超過兩小時

有些會議總是原地兜圈子、看不到盡頭；有些會議卻是滿場閒聊、離題失焦。會議形式有很多種，但上述這些都是純粹浪費時間。

我因為工作性質的關係，時常要到客戶公司開會，因此從早上九點到晚上六點被困在同一個會議室的機會所在多有。但正常情況下，若要**進行有成效的會議**，**在兩小時內結束是重點**。

一般來說，人的持續專注力界限是兩小時（但實際感受上似乎更短），所以一場會議最多只能開兩小時。若超過兩小時，就必須穿插一次中場休息，才能提高會議成效。

讓會議成效提高的三個重點

①設定議題

議題又名「議程」（agenda），是指會議中要討論的事項，例如：會議應該要為什麼事情下決定（設定會議目標）、要花多少時間檢討哪件事等。

舉例來說，若會議目標是「公司是否要導入新系統」，議程可以這麼寫：

- 列舉導入新系統時會遇到的障礙（反對意見或阻礙）。
- 應該如何應對這些障礙。

如果在沒有議程的情況下開會，會很難確知討論方向，而白白浪費時間。

②決定與會者的角色（職責任務）

與會者的角色，主要分成引導者和記錄者兩種。

引導者相當於推展會議進行的角色，在會議中有很重要的作用。為了在既定時間內達成會議目標，引導者必須擔負引出與會者意見、彙整意見的任務。

記錄者則負責在會議室的白板上，將提出的意見簡潔的寫下來。如果不記錄下來，這些發言很快就會從與會者的記憶中消失。邊寫白板邊開會的過程中，所有與會者都能隨時回顧會議內容，繼續進行討論。

雖然在公司會議中，有時候引導者也會身兼記錄者，但最好將兩者分開，明確定義職責才能讓會議順利進行。

③備妥會議相關設備

如果是平常很少開會的公司，會議室裡可能不會常備白板，但在會議前，請務必準備好白板和墨水充足的白板筆。

除了白板，還要有每個人都能舒服坐著的空間。根據經驗法則，能讓與會者放鬆的座位，最起碼的條件是寬度一百八十公分的桌子加兩張座位。如果塞三張座位，會讓人很難打開電腦和攤開文件。

開會的成本其實很高

進行高產出會議是非常重要的，這是因為開一場會的成本其實非常昂貴。

以月薪三十萬日圓的員工為例，兩小時會議要花的人事成本即為三千七百五十日圓（假設每月勞動時間一百六十小時，換算成時薪：三十萬日圓÷一百六十小時＝一千八百七十五日圓。一千八百七十五日圓×兩小時＝三千七百五十日圓）。若以月計，成本巨大的程度顯而易見。若沒做出相當於這項成本的成果，開會就失去意義了。

我曾有個客戶因公司的會議時間過長而煩惱，最終決定公司內部會議室禁止使用超過一小時，一旦超過一小時就必須租用外部的會議室。由於租會議室要另外花錢，相關人員因而對成本更有自覺，會議也更有效率。

請你也多加留意自己公司的會議，是否能不浪費時間，並達到好的成效。

6 二十五分鐘＋五分鐘的番茄鐘工作法

不僅限於開會，用「兩小時規則」來安排自己的工作時間也很有效。

如果你將最長作業時間設定為兩小時，投入相同工作不超過這個時間，就能提升工作成效。只不過，像我自己是屬於無法持續專注的人，所以兩小時對我而言有點長。

保持專注力的技巧當中，「番茄鐘工作法」（pomodoro technique）是一種有助於推展工作的時間管理法。

做法是設定一項工作的執行時間最多為二十五分鐘，接著休息五分鐘後，再度工作二十五分鐘。進行四組「二十五分鐘＋五分鐘」後，就進入二十至三十分鐘的較長休息時間。

這是一九八〇年代後期，由義大利創業家弗朗西斯科・西里洛（Francesco

Cirillo）所發明的方法，因為是能有效提高專注力和成效的技巧而廣為人知。

在嘗試這項技巧之前，我一度覺得二十五分鐘太短，但實際執行後卻能百分之百專注於工作上。即使情緒低落不想工作，想到「只需要二十五分鐘」，就能讓我產生「先做一點再說吧」的意願。

目前我是利用 Apple Watch 的應用程式「Focus Timer」，來執行番茄鐘工作法。因為二十五分鐘一到就有震動提醒，所以我不必擔心如何測量時間。

提升工作效率的心態和技巧

另外，你也能在平日工作中下一點點工夫來提升效率，下面讓我分別介紹心態和技能兩方面的方法。

首先在心態上，你可以多留意「逆算思考」和「期待值」。

逆算思考是指先設定工作目標，然後思索抵達目標前必須經歷什麼樣的過程。如果不先設定目標就做下去，很容易多做沒必要的事。

其次是意識到他人工作的期待值來行動。期待值，意指工作委託人所尋求的品質。就拿速食店來說，你除了希望食物好吃，最主要的要求還是盡快供餐；但若是高級餐廳，你或許會尋求能安靜享受美味料理的時間和空間，而非快速上菜。

所有的工作都有各自的期待值。你向主管或客戶報告時，必須考量對方究竟是想要你口頭傳達、寄送郵件或提交書面報告。如果口頭報告就能解決，你卻非要準備報告文件的話，只會白白浪費時間。

再來是技能方面，最重要的是能快速又準確的打字。

就以日語文書處理檢定考試來說，最低也該以二級標準為目標，亦即十分鐘內打出五百個字。你可以先以兩百字為目標來練習，這是一般工作上不難達到的水準。（按：以上所述為日本的考試情況。若以企業人才技能認證（TQC）中文輸入認證科目為例，實用級為每分鐘輸入十五至二十九字、進階級每分鐘輸入三十至七十九字、專業級為每分鐘輸入八十字以上。）

另外，也要記住 Excel 和 Word 中常用的快捷鍵，目標是要讓滑鼠的操作量減少一半。例如：

Ctrl 鍵＋C：複製文字。

Ctrl 鍵＋V：貼上複製的文字。

Alt 鍵＋Tab 鍵：切換視窗。

除了上述的基本快捷鍵，還有結合 Ctrl+Shift 鍵等應用快捷鍵，這些都有助於加快作業進度。

只要在日常工作中多留意一點，就能維持專注力，逐步提升作業效率。

7 容許員工有一五％的時間，做自己的事

對企業來說，開發新商品跟打造新事業是很大的挑戰，應該有許多企業都曾面臨進展不順利的情況。進展不順的最大理由之一，是很難確保投入在開發新商品和新事業上的時間。

然而，卻有一間公司因為強制空出時間讓員工自由發想，進而開發出新商品和新服務。

以文具用品聞名的美國公司3M，有一條不成文規定：員工可以用一五％的上班時間研究自己喜歡的事情。當今全世界普遍使用的便利貼，就是從這個一五％規則中誕生的。

谷歌（Google）也要求員工「挪出二〇％的工作時間在其他專案項目上」。這項規定，是期待員工除了核心業務之外，還能創造出其他東西。

其他還有日本的大型綜合貿易公司丸紅、雅虎日本（Yahoo Japan Co.）和惠普（HP）等企業，也都採行了相同的制度。

好點子也來自閒暇時間

工作時間的一五％和二〇％，差距其實很小。以八小時的工作日來說，一五％等於一．二小時、二〇％等於一．六小時，一般認為這兩種時間都很適合做調查、蒐集點子。

套用前面提過的八二法則，就能解釋成「八〇％的新事業，來自二〇％的工作時間」。

或許有些經營者會很抗拒讓員工自由運用一五％至二〇％的上班時間，畢竟拿不拿得出成果根本是未知數。不過，你也不曉得公司目前的商品能賣到什麼時候。創造新點子及新事業，對於公司的存續而言，其實是至關重要的工作。

從前有個「三上出好點子」的說法，三上意指馬上（移動路途中）、枕上（入睡前）和廁上（上廁所時）。什麼也不想的閒散自由時間，乍看之下很浪費，事實上卻是大腦重新整理資訊的重要時間。

正是這樣的時間，更容易誕生好點子。

8 時薪給多少，員工才有動力？

因得到讚美而更加努力是人類的天性，但如果是具創造性的作業，卻有因讚美而降低產出的可能性。

一九四五年，德國心理學家鄧克（Karl Duncker）設計了一個實驗。他把來到實驗室的人分成兩組，並告訴受試者：「這裡有一盒火柴跟一盒圖釘。請以不讓蠟油滴到桌上為前提，將蠟燭固定在牆上。」他交代完任務後，又分別向兩組說不同的話。

- 第一組：「我想知道，這個問題要花多少時間才能解決。」
- 第二組：「我會給快速解決的人五美元。第一名則有二十美元。」

金錢不會是提升幹勁的動機

一般都認為，能得到獎勵的第二組應該會比較快解決。

然而實際上，與第一組平均七分鐘解決的時間相較，第二組平均為十．五分鐘，反而是能得到獎勵的第二組慢了三分鐘（補充說明，解答為將圖釘拿出盒外、並把外盒釘到牆上，再把蠟燭放進圖釘盒。「將圖釘拿出盒外」的轉換式思考是關鍵）。像這種需要創意的作業，獎勵有時候會帶來反效果。相對的，獎勵只對作業單純的任務有效。

就算你因為生不出好點子而煩惱，點子也不會因此出現。雖說只要肯努力，也能在有限的時間內提出大量的點子，但真正的好點子，往往會在出乎意料的時機靈光一現。

沉重壓力並不意味能帶來巨大產出，獎勵刺激也不代表就能生出好點子。

另一方面，在投入新事物時，給予金錢可能會適得其反。

有些企業在徵求改善制度或品質管理的提案時，會針對每一個提案頒發五百或一千日圓的獎金，就曾發生帶來反效果的案例。

以頒發獎金來賦予外在動機，結果反而減少幹勁的現象，稱為「破壞效應」（undermining effect）。增強外在動機，就類似「不做有人會說話」、「不做的話有人會生氣」等念頭。

比方說，你對從事志工活動的人說：「一小時一千元喔！」支付時薪的作為反而讓人失去動力。對這種出於使命感而進行的工作，你的獎賞並不會激勵對方，反而是澆熄動力的冷水。

反之，內在動機則是「對方的信任讓我想去做」、「做了就能得到他人尊敬」這種自發性付諸行動的意願。

讓人按照自身喜好行動更能提升效率，發想出新事物的可能性也更高，這點是激勵方法的定論。

9 人的記憶力會在學習一小時後減半

人是健忘的動物，記憶也很不可靠。能輕易忘記悲傷或痛苦的話倒也還好，但如果遺忘必須牢記的事情就很傷腦筋了。

溝通時先考慮到這一點，是預防出現爭議的好辦法。

德國心理學家赫爾曼・艾賓豪斯（Hermann Ebbinghaus）提出的「遺忘曲線」（forgetting curve）中，有一個關於人類記憶的曲線圖。

根據艾賓豪斯的遺忘曲線，人在學習新事物後的二十分鐘會忘記四二％，一小時後忘記五六％，到了一天後忘記七四％。

換言之，人的記憶會在學習後的一小時內減半，過了一天之後就只剩下兩成（附帶一提，實驗中使用無意義的文字為記憶內容。但如果是知識或學術的系統性內容，會比較難忘記）。

無論如何，都要記得「人類很健忘」，並且根據這點做出對策。例如你寄信給客戶的負責人，對方卻遲遲不點開來看，你就可以在寄出信件後打電話確認，或傳訊息提醒，避免對方遺漏。

待辦事項全都整理在一本筆記本中

有些人會說：「我常常忘記應該做的事情，所以老是被主管責罵。」我會建議這樣的人設法集中管理訊息，不論是備忘錄還是其他什麼都好，總之將訊息全都集中到同一本筆記本上。

如果你的筆記四散在便利貼上，遲早會弄不清楚自己寫在哪裡，最後因為不曉得要去哪裡找，重要訊息就因此埋沒。

我會在谷歌推出的應用程式「Google Keep」中，記入每天的待辦事項（to do）、演講用的梗談、想找時間詳細搜尋的關鍵字等，一想到就記錄下來。我用過各式各樣的記事本或筆記應用程式，最終選擇用 Google Keep。

人一次頂多記得七個數字

談到記憶力，聽說一個人一次能記住的數字，上限大約七個。

這是由美國心理學家喬治．米勒（George A. Miller）進行實驗後歸納的論點，稱為「神奇的數字：7 ± 2 法則」（the magical number seven, plus or minus two）或「米勒法則」（Miller's law）。

這個法則說明一個人的記憶廣度約為七個單位，稱為組塊（按：chunk，有意義的聚集）。但實際上會根據個人程度不同，而有加二或減二的差異。

比方說，電話號碼之所以會每隔三至四個數字就用一個連字號分隔，目的其實是想藉由組塊化，讓人更容易記住。

只要將人一次最多只能記住七個數字這點放在心上，你就能改變傳達訊息給他人及做筆記的方法。

10 時間越充裕，越容易被浪費

想必任誰都有這種經驗——明明到工作截止日前還有時間，卻因為東忙西忙，最後無法按時完成。

英國政治、歷史學家帕金森（Cyril Northcote Parkinson）在其著作《帕金森定律》（*Parkinson's Law*）中，介紹的定律之一就是**「人的時間越多，就會花越多時間做事」**。

原本他是以「官僚人數一直增加，但工作量卻沒有」這句話，來諷刺相對於英國海軍縮編，海軍部的官僚卻不斷增加的現象。

若從工作的角度來看這條定律，代表「在期限內，工作量會不斷膨脹，直到填滿可用的工作時間為止」。

時間有限反而更加專注

本來能馬上解決的工作，卻因為覺得時間還很充裕而遲遲不動工，反而到最後一刻才完成；本來很單純的案件，卻因為東想西想，結果搞得太複雜，最後沒做出多少成果，而以時間不足告終。為了避免這種狀況，最好先排定玩樂或休息計畫，並設定工作完成期限。這樣就能好好花心思工作，而得以提早完成。

比方說，你在醫院掛了號，預定下班後要去看診，因此減少了平常加班的一小時，你就會在上班時間內做完更多工作。

有一句格言說：「工作要交給忙碌的人。」

這句格言的由來，或許是因為有能力的人，往往收到來自各方的許多工作，所以注定不得閒。再加上總是被期限追著跑，沒有太多時間分配給每一項工作。因此忙碌的人被交付工作後，就會馬上投入，專心把事情做好。

也因為能幹的人處理過的工作比別人多，而有相當豐富的經驗，於是練就一身在短時間內完成高品質工作的能力。

少數成菁英

我曾遇過一個案例，某間大企業面臨業績衰退時，將所有部門的員工都調派去做銷售或現場支援。起初公司很擔心這些人是否應付得來，但這些非業務部門人員出乎意料的順利上手，而賣場也因為工作人員增加，業績得以回升。

這就是所謂的「少數菁英」，人數越少，每個人必須在有限時間內完成的工作就越多，而讓人的能力趨向精銳化。

日本於二〇一九年起，規定公司每年必須要給雇員五天帶薪休假，若不照做將處以罰鍰等處分。

人手不足的情況下，還有五天不能讓員工勞動，相信很多企業為此頭痛。不過若能因為帶薪休假義務化，而讓工作環境朝著「在既定期限內完成工作」的方向改變，也是一種值得舉雙手贊成的發展吧。

11 永遠要懷疑你看到的數字

目前為止，談了不少如何透過數字來掌握事物的梗概、如何依據數字來工作，不過真正重要的是看待數字的方法。

數字雖是毫無曖昧的明確資訊，但越是有數字敏感度的人，越不會照單全收。**真正的數字高手，是懂得懷疑數字的人。**

這樣說或許會招來誤解，不過數字有時候是能拿來騙人的。

比方說，有一百個人參加考試，就算平均分數是五十分，也不代表考五十分的人最多。有可能是五十人考滿分，五十人考零分。這種情況下，儘管平均下來是五十分，但真正考五十分的人，一個也沒有。

二〇一九年，厚生勞動省的〈每月勞動統計〉等資料，因為政府造假統計數據的問題，而引發社會關注。像統計數據這種複雜的數字，因為外行人很難理解，製作方幾乎能隨心所欲的進行操作。

有些事情，非要親臨現場才能明白

從另一方面來說，質疑新聞內容這點也很重要。

儘管由權威報導機關發送的新聞，具有高度信賴度和說服力，不過若因此囫圇吞棗將難免嘗到苦頭。

我來介紹一則伊藤忠商事的前社長丹羽宇一郎，在其著作《工作與心的行事準則》中刊載的軼事吧。丹羽宇一郎在紐約工作時，看到《紐約時報》上有一篇〈今年將面臨乾旱〉的氣象預測報導。當時負責穀物買賣的丹羽宇一郎，為了避免穀物因歉收而導致價格飆升，因而提早大量購入。

不料，那一年卻是大豐收，高價購入穀物帶來的損失，和公司一整年的收益不相上下。

幾年後，當報紙再度出現「今年農作物將因乾旱歉收」的預測性報導時，這次他租了一臺車，花了幾天直奔現場，親自向當地人請教，得到不同於報導的說法：不僅農作物順利生長，當地農家也完全沒受到不良天候影響。

實際情況與報紙的預測報導不同，於是他決定反其道而行，最後不僅漂亮的挽回之前的損失，甚至還為公司賺得巨額利潤。

在紐約歷練過這一回之後，丹羽宇一郎從此徹底奉行「親臨現場再做判斷」的準則。

我因為工作的關係，看過各種經營方面的數字，但我很小心不要全盤相信對方拿出來的數字。儘管對方誠實提出數字，也可能發生數字不正確的狀況。

第一步是懷疑。要根據自己所有的知識及至今累積的經驗，去找出不尋常之處，並以此為重新檢驗的重點。這就是看透數字的訣竅。

直覺與數字是互補關係

「正確的直覺」足以彌補數字可能隱含的問題。**直覺與數字並非對立，而是相**

輔相成的互補關係。

就任某間大型食品公司新社長的Ａ，過去主要是透過海外市場取得實績，所以對國內市場不太熟悉。

不過，在規畫銷售策略時，Ａ質疑為什麼公司的產品老是只出給ＧＭＳ（大賣場、量販店，general merchandise store 的縮寫）。負責人和主管表示，公司產品的購買客群以家庭為主，這點和ＧＭＳ主要使用者一致，因此宣傳廣告也是針對這些客群進行，並且也成功吸引了目標顧客。就連市場調查結果，也是根據相關數字來解說。

單就數字而言，負責人說得完全沒錯。然而，沒能擺脫內心疑問的Ａ，除了親自造訪販售公司產品的大賣場及量販店，也順道拜訪了各地區的中小型超市。他發現如同調查結果，自家產品確實在ＧＭＳ賣得很好，不過競爭對手的產品銷售額，卻在中小型超市持續增加，而且純粹是因為後者沒有擺放自家產品所致。

Ａ根據自己的直覺，而意識到公司的市調數字不太對勁。

這就是「正確的直覺」。跟所謂的瞎猜不同，是在知識和經驗支持下所產生的直覺。

想要跟前面提到的丹羽宇一郎和大型食品公司的Ａ一樣，擁有自身的判斷基準並不容易。但是為了磨練自己的數字感，不論遇上任何數字，你都要保持懷疑，思考真實情況是否如此，並且想辦法再確認事實。

不要以期望和設想來看數字

我在看數字的時候，還會特別留意一件事。那就是**不要以自身期待或設想來挑數字看。**

當我們進行投資時，難免會因為期待，眼睛老往有利的資訊看。反之，內心傾向放棄、尋求脫手時，就會對不利的資訊特別敏感。

人往往只看自己想看的數字，甚至會刻意尋找自己想看的數字。因此重要的是，即便數字符合自身意向，也要設法排除自己的利益和願望，才能正確的判斷數字是否合理。

抱持這種態度，加上廣泛的知識和經驗，才是一位擅長利用數字來工作、正確辨別數字的人所必備的基本條件。

請務必強化自己的數字能力，讓主管、同事和客戶對你刮目相看。

後記
利用它，但不能依賴它

非常感謝你讀到最後一頁。

本書中介紹了許多具代表性的數字和法則，可以幫助你運用在工作上，你覺得有用嗎？

正如第四章最後提及的，我認為太過依賴數字其實也有很危險的一面。畢竟在商場上，三現（現場、現物、現實）主義才是最重要的。憑數字做出決定前，至少要探詢一次來自現場的意見。說不定你會因此發現一些意想不到的事實。

儘管如此，沒有數字就無法客觀判斷好壞，這一點也是事實。

如果你能有效運用書中介紹的數字及商業法則，明天起能在對話中多少加入一點數字，更甚者你能順口說出一個商業法則，並能夠根據數字做判斷的話，將是我至高的榮幸。

最後，我要感謝從本書企劃階段，便提供許多幫助的 ASA 出版佐藤和夫社長。謝謝社長願意讓我這個新人有出書的機會。我還要感謝負責本書的中川編輯，提出了不少建議改善我拙劣的文章。

請容我藉這個機會表達感激之意。

出處及參考資料

一、圖表出處

第 20 頁表：豐田汽車　2019 年 3 月期結算摘要
https://global.toyota/pages/global_toyota/ir/financial-results/2019_4q_summary_jp.pdf　（2020-01-29）

第 36 頁表：日本內閣府　各縣生產總值（2006～2016 年度）縣民生產總值（產值、名目）（2016 年度）、縣民人均所得（2016 年度）
https://www.esri.cao.go.jp/jp/sna/data/data_list/kenmin/files/contents/main_h28.html　（2020-01-29）

第 48 頁表：亞洲大洋洲局地域政策審議官室《放眼東協（ASEAN）》（2019 年 8 月）ASEAN 經濟統計基礎資料與其他區域經濟聯盟之比較（2018 年）
https://www.mofa.go.jp/mofaj/files/000127169.pdf　（2020-01-29）

第 50 頁表：三井物產戰略研究所　「世界產業的潮流與成長領域」2018 年 4 月 23 日　產業、業種別的市值變遷
https://www.mitsui.com/mgssi/ja/report/detail/__icsFiles/afieldfile/2018/06/14/180423x_noritake.pdf　（2020-01-29）

第 52 頁表：WIPO　2019 年 PCT 年度報告「國際順位相關統計：PCT 申請」
https://www.wipo.int/edocs/pubdocs/ja/wipo_pub_901_2019_exec_summary.pdf（2020-01-29）

第 54 頁表：日本文部科學省　文部科學統計概要（2018 年版）科學技術・學術「國別、分類別的諾貝爾獎的得獎人數（1901～2017 年）」
https://www.mext.go.jp/b_menu/toukei/002/002b/1403130.htm
（2020-01-29）

第 56 頁圖：科學技術・學術政策研究所　科學技術指標 2018【圖表 1-1-1】主要國家的研發費總額之變遷
https://www.nistep.go.jp/sti_indicator/2018/RM274_11.html　（2020-01-29）

第 58、59 頁表：日本經濟產業省　平成 30 年企業活動基本調查速報　2017 年度實績
附表 7「產業別・企業平均附加價值、附加價值率、勞動分配率及勞動生產性」
https://www.meti.go.jp/statistics/tyo/kikatu/result-2/h30sokuho.html
（2020-01-29）

二、參考資料

Global Note　世界名目 GDP 國家排名及變遷（IMF）2018 年
https://www.globalnote.jp/post-1409.html　（2020-01-29）

一般財團法人國土技術研究中心　你所不知道的日本國土
http://www.jice.or.jp/knowledge/japan/commentary02　（2020-01-29）

World Data.info　Greenland
https://www.worlddata.info/america/greenland/index.php
（2020-01-29）

厚生勞動省　人口動態調查
平成 29 年 第 7 表－從死因簡單分類別中顯示的性別死亡數及死亡率（每十萬人）
平成 28 年 第 7 表－從死因簡單分類別中顯示的性別死亡數及死亡率（每十萬人）
平成 19 年 第 6 表－死亡數・死亡率（每十萬人），死因簡單分類別
平成 9 年 第 3 表－從死因簡單分類別中顯示的性別死亡數及死亡率（每十萬人）
https://www.mhlw.go.jp/toukei/list/81-1a.html　（2020-01-29）

Global Note　世界殺人發生率　各國排名及變遷
https://www.globalnote.jp/post-1697.html　（2020-01-29）

日本內閣府　平成 30 年交通安全白皮書「因道路交通事故造成的交通事故，發生件數、死亡人數、受傷人數及重傷人數的變遷」
https://www8.cao.go.jp/koutu/taisaku/h30kou_haku/zenbun/genkyo/h1/h1b1s1_1.html　（2020-01-29）

日本文部科學省　資料 2-2 關於小學的英語教育之審議的參考資料：世界母語人口（前二十名語言）
https://www.mext.go.jp/b_menu/shingi/chukyo/chukyo3/004/siryo/attach/1379956.htm　（2020-01-29）

livedoor NEWS　世界最多人閱讀的暢銷書排名，第一名「古蘭經」
Mynavi（マイナビ）學生之窗　2015 年 8 月 2 日
https://news.livedoor.com/article/detail/10422404/　（2020-01-29）

大阪市信用金庫問卷調查結果「中小企業的夏季獎金發放計畫」
2019 年 6 月 25 日
https://www.osaka-city-shinkin.co.jp/houjin/pdf/2019/2019-06-25.pdf（2020-01-29）

出處及參考資料

PR TIMES「日本女性的笑容相關調查」　2015 年 2 月 20 日　株式會社艾天然
https://prtimes.jp/main/html/rd/p/000000020.000010341.html
（2020-01-29）

2018 年「經營 30 年以上『老店』企業破產」調查　TSR 東京商工 Research
https://www.tsr-net.co.jp/news/analysis/20190131_04.html
（2020-01-29）

從帝國數據銀行的數字來看日本企業的小知識　帝國數據銀行（TDB）
https://www.tdb.co.jp/trivia/index.html　（2020-01-29）

2019 年畢業 Mynavi 新鮮人企業錄取狀況調查（2018 年 11 月）
株式會社 Mynavi
http://mcs.mynavi.jp/enq/naitei/data/naitei_2019_r.pdf
（2020-01-29）

日本經濟團體聯合會　2015 年 4 月 28 日
「2014 年 9 月之退休金、年金相關的實態調查結果」
https://www.keidanren.or.jp/policy/2015/042.pdf
（2020-01-29）

東京都產業勞動局「中小企業的薪資與退休金實況調查」2018 年版
http://www.sangyo-rodo.metro.tokyo.jp/toukei/koyou/chingin/h28/
（2020-01-29）

at home 股份公司「2014 年通勤的實態調查」
https://www.athome.co.jp/contents/at-research/vol33/
（2020-01-29）

樂天 Books「商務人士的閱讀實態調查」　2018 年 9 月 8 日
https://webtan.impress.co.jp/n/2018/10/16/30729
（2020-01-29）

國稅廳　平成 29 年度「公司樣本調查」調查結果　令和元年 6 月
https://www.nta.go.jp/information/release/kokuzeicho/2018/kaisha_hyohon/index.htm　（2020-01-29）

有效勞動統計 2018（ユースフル労働統計 2018）　勞動政策研究、培訓機構

《勞政時報》第 3985 號　幹部報酬、獎金的最新實態（労務時報　第 3985 号　役員報酬・賞与等の最新実態）　2019 年

《年收提高十倍的時間術》（年収 10 倍アップの時間術）　永田美保子，（日）Cross Media Publishing Inc.

《修身教授錄》（修身教授録）　森信三，（日）致知出版社

《中小企業的「支付行情＆制度」完整資料——幹部報酬、獎金、退休金；職員退休金、禮金與慰問金、高齡員工的待遇＆工資、稅務會計等顧問費》（中小企業の「支給相場＆制度」完全データ　役員報酬・賞与・退職金、従業員退職金、慶弔見舞金、高齢社員の待遇＆賃金、税理士等の顧問料）　（日）日本實業出版社／ N.J. HIGH-TEC 出版銷售（發行），2015 年

國家圖書館出版品預行編目（CIP）資料

數字表達法，5秒內獲得100分評價！：為何一開口，就讓我的評價被大扣分？／山本崚平著；高佩琳譯. -- 初版. -- 臺北市：大是文化有限公司，2021.11
192面；14.8×21公分. --（Biz；373）
ISBN 978-986-0742-65-7（平裝）

1. 職場成功法　2. 數字

494.35　　110010500

Biz 373

數字表達法，5秒內獲得100分評價！

為何一開口，就讓我的評價被大扣分？

作　　者／山本峻平
譯　　者／高佩琳
責任編輯／連珮祺
校對編輯／黃凱琪
美術編輯／林彥君
副 主 編／馬祥芬
副總編輯／顏惠君
總 編 輯／吳依瑋
發 行 人／徐仲秋
會　　計／許鳳雪
版權專員／劉宗德
版權經理／郝麗珍
行銷企劃／徐千晴
業務助理／李秀蕙
業務專員／馬絮盈、留婉茹
業務經理／林裕安
總 經 理／陳絜吾

出 版 者／大是文化有限公司
臺北市 100 衡陽路7號8樓
編輯部電話：（02）23757911
購書相關諮詢請洽：（02）23757911 分機122
24小時讀者服務傳真：（02）23756999
讀者服務E-mail：haom@ms28.hinet.net
郵政劃撥帳號／19983366　戶名／大是文化有限公司

法律顧問／永然聯合法律事務所
香港發行／豐達出版發行有限公司 Rich Publishing & Distribution Ltd
地址：香港柴灣永泰道70號柴灣工業城第2期1805室
Unit 1805, Ph.2, Chai Wan Ind City, 70 Wing Tai Rd, Chai Wan, Hong Kong
電話：21726513　傳真：21724355
E-mail：cary@subseasy.com.hk

封面設計／林雯瑛　內頁排版／江慧雯
印　　刷／緯峰印刷股份有限公司

出版日期／2021年11月　初版
定　　價／新臺幣340元（缺頁或裝訂錯誤的書，請寄回更換）
I S B N／978-986-0742-65-7
電子書ISBN／9789860742664（PDF）
9789860742633（EPUB）

Printed in Taiwan